UTB **2851**

Eine Arbeitsgemeinschaft der Verlage

Beltz Verlag Weinheim · Basel
Böhlau Verlag Köln · Weimar · Wien
Wilhelm Fink Verlag München
A. Francke Verlag Tübingen und Basel
Haupt Verlag Bern · Stuttgart · Wien
Lucius & Lucius Verlagsgesellschaft Stuttgart
Mohr Siebeck Tübingen
C. F. Müller Verlag Heidelberg
Ernst Reinhardt Verlag München und Basel
Ferdinand Schöningh Verlag Paderborn · München · Wien · Zürich
Eugen Ulmer Verlag Stuttgart
UVK Verlagsgesellschaft Konstanz
Vandenhoeck & Ruprecht Göttingen
vdf Hochschulverlag AG an der ETH Zürich
Verlag Barbara Budrich Opladen · Farmington Hills
Verlag Recht und Wirtschaft Frankfurt am Main
WUV Facultas Wien

Peter Nausner

Projektmanagement

Die Entwicklung und Produktion des Neuen in Form von Projekten

Bibliografische Information Der Deutschen Nationalbibliothek
Die Deutsche Nationalbibliothek verzeichnet diese Publikation in der
Deutschen Nationalbibliografie; detaillierte bibliografische Daten sind im
Internet über http://dnb.ddb.de abrufbar.

Einbandgestaltung: Atelier Reichert, Stuttgart
Innengestaltung, Satz: grafzyx.at
Druck: Ebner & Spiegel, Ulm
Printed in Germany

ISBN 13: 978-3-8252-2851-7
ISBN 10:   3-8252-2851-4

Inhalt

1 Einleitung

Die Zukunft muss, nach dem Gesetz des Fortschritts, besser sein als die Gegenwart und die gängige Bezeichnung für solcherart Besseres lautet Innovation. Spätestens mit Beginn der Moderne wird Zukunft als gestalt- und machbar empfunden und somit die Gegenwart mehr oder weniger beliebig veränderbar. In der „flüchtigen" Moderne wird alles reflexiv und auf Verbesserungsmöglichkeiten hin untersucht. Modernisierung als kreative Zerstörung des Bestehenden zeigt sich u. a. in der Unfähigkeit zum Stillstand – das meiste bleibt potentiell unvollendet, d. h. der fortwährenden Veränderbarkeit ausgesetzt. Modern zu sein, so der Soziologe Zygmunt Baumann (2003), bedeutet sich selber immer ein Stück voraus zu sein, sich im Zustand fortwährender Überschreitung und Unruhe zu befinden. Die Idee der permanenten Verbesserung nährt sich aus dem wissenschaftlich-technischen Ursprungsmythos, wonach sich der Neuanfang ständig wiederholen lässt, mit immer anderen, neuen Ergebnissen. Bei dieser Selbstreproduktion durch die fortwährende Wiederholung des Anfanges (der Gründung) wird die Auflösung und Rekombination des Bestehenden immer häufiger innerhalb einer eigenen organisatorischen Einheit (Projekt) betrieben.

Dazu kommt, dass die Herstellung von Unverwechselbarkeit und die Erzeugung von Neuigkeitswerten zu Daueraufgaben werden. Die Produktion von Innovationen und Unikaten quasi am Fließband, ist die große Herausforderung aller kreativen Branchen.

Je mehr Neuerungen es allerdings gibt, desto größer ist auch die Basis für weitere Neuerungen, die wiederum Erstere immer rascher ersetzen. Was damit einhergeht, sind vor allem Diskontinuitäten in den Organisationen und steigendes Risiko von Investitionen (Nowotny, 2005).

Die Realisation des Neuen stellt deshalb Unternehmen und sonstige Institutionen, deren allgemeines Reproduktionsgrundmuster die Wiederholung geregelter Prozesse ist, vor schwierige Probleme (siehe Abb. 1).

Entwicklungsprozesse haben in der Regel ein stark eingeschränktes Potential an Routine und sind mit einem hohen Maß an Spezialisierung und Expertise verbunden. Schwer einschätzbare Zeithorizonte und Budgetgrößen, mangelhafte Kontrolle über Umwelteinflüsse und unbestimmte Kenntnisse über Einsatzmöglichkeiten und Wirkungsweisen diverser Verfahren erfordern von den Beteiligten ein hohes Problemlösungspotential, Professionalität beim Einsatz ihrer Fähig- und Fertigkeiten sowie ständige Lern-, Kommunikations- und Ko-

12

operationsbereitschaft – insgesamt also hohe Anforderungen an die Gestaltung von Organisationen.

Die zentrale Fragestellung lautet daher: Wie organisiert und managt man den ständigen „Neuanfang", von der Verbesserung des Bestehenden bis zur völligen Neuentwicklung, mit all den inkludierten Konflikten, Krisen, Unwägbarkeiten, Regelbrüchen und Budgetrestriktionen, ohne dabei die eigene Existenz aufs Spiel zu setzen?

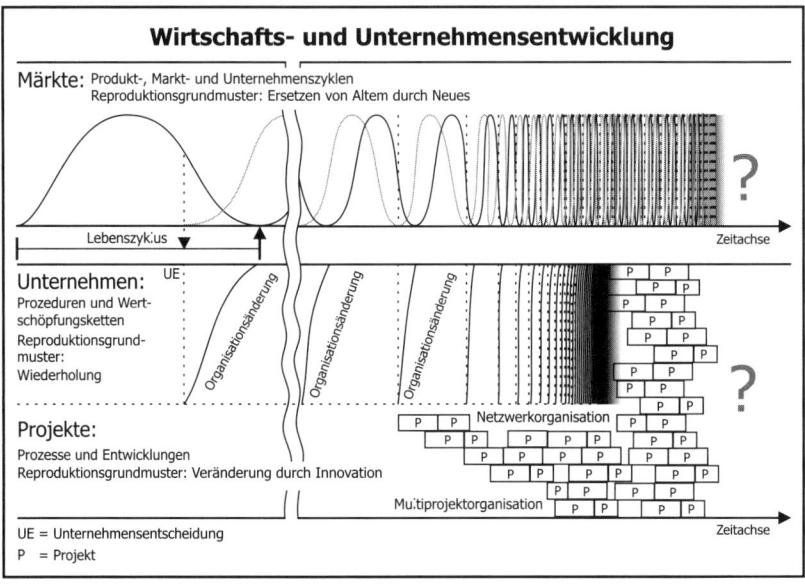

Abb. 1: Wirtschafts- und Unternehmensentwicklung

Projektarbeit und Projektmanagement halten dafür ein interessantes Entwicklungs- und Produktionsmodell bereit: die Organisation von komplexen Vorhaben auf Zeit. Es ist dies eine radikale Antwort auf das Innovationsproblem, praktisch alle Prozesse unter das Diktat von Anfang und Ende und somit grundsätzlich wieder zur Disposition zu stellen. Was dies für das Management von Projekten bedeutet, wird durch die Untersuchung dieser Gestaltungslogik deutlich – nämlich die Möglichkeit einer reflexiven Produktion, bei der es nicht in erster Linie um das Steuern kontinuierlicher betrieblicher Vorgänge, sondern um das Managen von Experimenten und Lernprozessen geht.

Davon handelt dieses Buch. Dabei liegt der Fokus neben einer begrifflichen und historischen Analyse auf der Einordnung von Projektorganisation und Projektmanagement in den Theorie- und Gestaltungskanon von Organisations- und Managementlehre. Projektarbeit wird in diesem Rahmen außerdem als eigenständige Wirtschaftsform untersucht und ihre Einbettung in unterschiedliche Kontexte beleuchtet.

Ziel dieser Arbeitshilfe ist es also, neben einer Darstellung der elementaren Gestaltungsansätze vor allem allgemeine Erkenntnisse darüber zu vermitteln, was denn eigentlich gemeint ist, wenn von Projektorganisation und Projektmanagement die Rede ist. So soll dazu beigetragen werden, die vielfältigen Gestaltungsempfehlungen des noch jungen Fachgebietes besser beurteilen zu können.

Die einschlägige wirtschaftswissenschaftliche Forschung hat die temporäre Organisation der Produktion des Neuen in Form von Projekten bisher bestenfalls als isoliertes Randphänomen behandelt (Schelle, 2005). Darüber darf auch nicht die bereits unüberschaubar große Zahl an Buchpublikationen zum Themenkreis Projektmanagement hinwegtäuschen. Die allermeisten davon sind von PraktikerInnen für PraktikerInnen geschrieben und haben oft den Charakter von „Rezeptbüchern". Reflexionen finden vor allem zum Zwecke der Abgrenzung zu jeweils anderen Projektmanagementansätzen statt (Gareis, 2004). Das mag vielleicht daran liegen, dass der institutionelle Rahmen Projektorganisation und deren Führung bereits derart fraglos in die Alltagspraktiken und Konventionen betroffener AkteurInnen integriert ist, dass es offenbar keiner weiteren Legitimation durch wissenschaftliche Reflexion bedarf. Das zeigt sich u. a. auch daran, dass etwa die wissenschaftliche Organisationslehre Projekte bis heute nicht als eigenständigen Untersuchungsgegenstand sieht, sondern bestenfalls als Sonderfall gängiger Strukturmodelle.

Auch in Publikationen des Fachbereiches Allgemeine Unternehmensführung scheinen Projektmanagement und Projektorganisation als eigenständige Themenbereiche nur vereinzelt oder gar nicht auf.

Seit den späten 1980er Jahren sind immer wieder Versuche unternommen worden, Ideen und Ansätze des Projektmanagements auch im wirtschaftswissenschaftlichen Mainstream zu etablieren. Trotz vielversprechender Arbeiten zu Themen wie „project based organizations" (Faulkner/Anderson), „projectoriented companies" (Gareis), „project based enterprise" (DeFillippi/Anderson), „project based organizing" (Pettgrew) ist es der Projektmanagement-Community bis dato nicht gelungen, ein kohärentes Bild der Erkenntnisgegenstände zu entfalten und damit anschlussfähiger an die wirtschaftswissenschaftliche Diskussion zu werden. Am weitesten und geradezu fraglos integriert wird Projektorganisation und Projektmanagement im Rahmen der Innovationsforschung und des Innovationsmanagements (Hauschildt, 1997; Vahs/Burmaster, 2002; Burr, 2004 etc.). Das liegt meines Erachtens vor allem daran, dass die Innovationsforschung offenbar intuitiv das historisch angelegte Potential der Projektorganisation und des Projektmanagements erkannt hat – nämlich als genuine Form der Entwicklung und Produktion des Neuen im Rahmen der Entfaltung der Moderne.

Inhaltlich führt die Diskussion der „Herstellung des Neuen als Organisations- und Managementproblem" unmittelbar in die Thematik dieses Buches ein. Im Mittelpunkt steht die Suche nach dem potentiell Unbekannten – mit all ihren Schwierigkeiten. Die Komplexität der Aufgabenstellung, die Rolle des Zufalls, die notwendige Erweiterung von Handlungsspielräumen, fehlende Routine, die Bewältigung von Risiko etc., bis hin zum Problem der Steuerung von Entwicklungsprozessen – all das verweist letztlich auf die Notwendigkeit einer spezifischen Vorgehensweise.

Im Kapitel 2 „Von der Projektemacherei zum Managementsystem" wird dann, ausgehend von der historischen Figur des sog. Projektemachers des 16. Jahrhunderts, die Entwicklung des Projektgedankens im Rahmen der Moderne bis zu dessen Ausformung als ausgereiftes Managementsystem dargestellt.

Das Kapitel 3 „Projekte und Projektmanagement im Kontext organisationstheoretischer Perspektiven" folgt der Frage nach den Einflüssen ausgewählter Theorieansätze auf die Erkenntnisgegenstände Projektorganisation und Projektmanagement. Dabei werden vor allem Konzepte und Modelle diskutiert, die einen direkten Beitrag zum Verständnis des gegenwärtigen Diskussionsstandes liefern können.

Mit dem Aspekt einer eigenständigen und somit abgrenzbaren Produktionsform beschäftigt sich das Kapitel 4 „Projekte als temporäre Organisationen". Schlüsselfaktoren für die Entwicklung von Innovationen sowie die Theorie temporärer Organisationen liefern dazu grundlegende Erkenntnisse und Gestaltungshinweise.

Ökonomischen Aspekten der Projektarbeit widmet sich das Kapitel 5 „Projekte als temporäre Unternehmen". Projekte werden als sog. Kooperationsverbünde innerhalb dynamischer Produktionsnetzwerke analysiert und die wesentlichsten Voraussetzungen und Bedingungen für eine erfolgsorientierte Zusammenarbeit unterschiedlicher AkteurInnen ausgearbeitet.

Schließlich wird gezeigt, unter welchem Blickwinkel Projekte als eigenständige Unternehmensform aufgefasst werden können und welchen Beitrag diese Sichtweise zum weiteren Verständnis der Projektarbeit leistet.

Die Einbettung von Projekten in soziale Räume und unterschiedliche gesellschaftliche Kontexte ist Thema des Kapitels 6 „Projektökologien". Es wird u. a. untersucht, wie spezifische Kommunikationsmuster, Beziehungen, Wissenstransfer, Karrieren etc. innerhalb von sog. Produktionsnetzwerken und Communities ausgestaltet sind oder wie das produktive Zusammenspiel unterschiedlicher Logiken im Entwicklungsprozess funktioniert. Insgesamt wird hier der Frage nachgegangen, wie die temporäre Produktion von Innovation innerhalb ganzer (Kreativ-)Branchen organisiert wird.

Daran anknüpfend folgt die Darstellung von Strukturmerkmalen sowie elementarer Methoden und Instrumente der Projektarbeit im letzten Kapitel 7 „Grundformen der Organisation und des Managements von Projekten". Der Schwerpunkt liegt dabei auf jenen Formen der Gestaltung und der Vorgehensweise, die für Projekte bestimmend sind.

Den Schluss der inhaltlichen Auseinandersetzung bildet der Versuch eines Ausblickes auf die weiteren Entwicklungen des Themengebietes.

1.1 Die Herstellung des Neuen als Organisations- und Managementproblem

Die Bedeutung des Begriffes „novus" steht im Zusammenhang mit der Abweichung vom Gewohnten, von der bestehenden Ordnung. Das führt unmittelbar zur Frage, wovon denn abhängt, ob etwas als Abweichung oder Neuheit definiert wird?

Ein wesentliches Merkmal ist dabei die Zukunftsorientierung sowie das damit verbundene Versprechen der Überlegenheit des Neuen gegenüber dem Alten. Ging es im Rahmen der alten Versorgungswirtschaft noch um die Sicherung des Unterhaltes und um den Austausch regionaler Besonderheiten, beruhen Erfolge auf modernen Märkten immer mehr auf der Vermarktung von Innovationen (Braudel, 1985). Der Umstand, dass bloßes Kopieren im Zuge der Entwicklung der Individualität abgewertet wird, beschleunigt diese Entwicklung. Einmaligkeit und Originalität werden zum Grundmuster der Selektion von Innovation.

Will man also Neues entwickeln, muss man versuchen, Abweichungen von Bestehendem in Form gezielter Überraschungen zu produzieren.

Der Soziologe Niklas Luhmann (1999) nennt diese gezielten Überraschungen „begrenzte Irritationen".

Gleichzeitig muss entschieden werden, was als Irritationsversuch Erfolg versprechend erscheint. Als Selektionskriterien für die Produktion von Neuheiten in Form von Überraschungen lassen sich in Anlehnung an Luhmann (1999) folgende Aspekte festmachen:

- Komparative (größer, besser, interessanter etc.)
- Neuartigkeit (Innovation im Kontext)
- Konfliktträchtigkeit (als permanente Anforderung an mediale Öffentlichkeiten)
- Bedrohungspotential (Steigerung der Aufmerksamkeit)
- Spezifische Verortung (regional/national/international/global)

Neben diesen inhaltsbezogenen Selektionskriterien gibt es noch produktionsbezogene Vorgaben möglichst kurzer Herstellungszeiten.

Werden also Eigenschaften wie früher, schneller, kürzer zu Selektionskriterien z. B. auf Märkten, beginnt sich die Verkürzungsspirale zu drehen und es entsteht die Forderung nach Innovation unter Zeitdruck.

Diese gestiegene Innovationsbereitschaft geht einher mit einem seit dem 17. Jahrhundert wachsenden Verständnis für Sachverhalte, die durch Anfang und Ende zeitlich markiert sind (vgl. 2.1 Projektemacherei als Phänomen der Moderne).

Wenn von der Produktion des Neuen die Rede ist, dann ist immer auch der Begriff Innovation im Spiel. Bei Innovationen geht es zwar um Neues: neue Produkte, neue Verfahren, neue Vertriebsformen, neue Managementtheorien etc. Das Hervorbringen einer neuen Idee (Invention) ist aber noch keine Innovation. Erst wenn eine Erfindung die betriebliche Nutzung oder Verwertung am Markt erfährt, kann von Innovation die Rede sein (Hauschildt, 1997). Innovation ist begrifflich somit ökonomisch und sozial determiniert, während Invention die „technische" Erscheinungsform des Neuen repräsentiert.

Der Ökonom Josef A. Schumpeter (1931) spricht im Zusammenhang mit Innovation von der Durchsetzung neuer Kombinationen, die diskontinuierlich auftritt – im Gegensatz zu Veränderung und Modifikation des Bestehenden in kleinen Schritten. Es geht also bei Innovation um die zielgerichtete Entwicklung neuer technischer, wirtschaftlicher, organisatorischer oder sozialer Problemlösungen im Hinblick auf möglichst nachhaltige Nutzung und Verwertung.

Untersuchungen über Produktinnovationen zeigen, dass es hierbei häufig um diskontinuierliche Prozesse geht, um „trial and error", also ums ständige Erproben, Experimentieren.

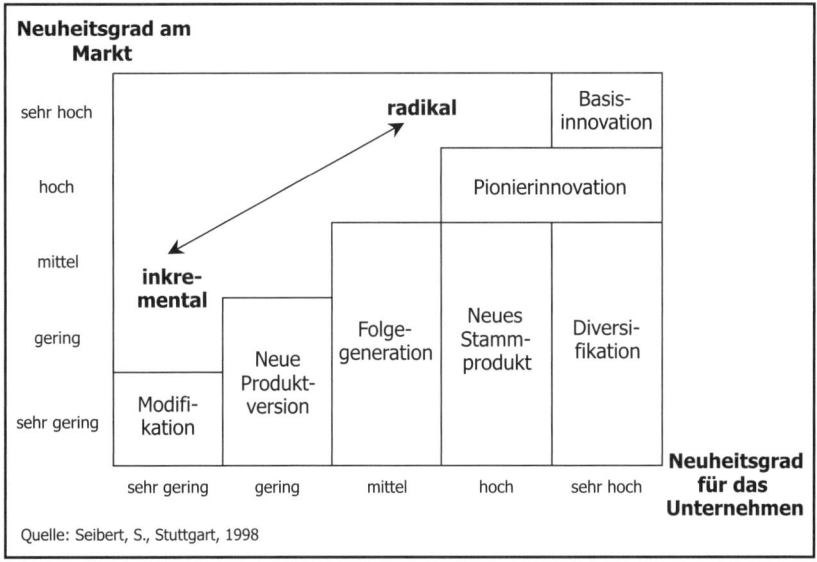

Abb. 2: Arten der Innovation

„Der diskontinuierliche Innovationsprozess ist eine Abfolge von Annäherungen, nicht steuerbar durch Marktanalysen, sondern nur durch experimentelle Erprobungen" (Lynn, 1977:18).
Das Ganze stellt sich als iterativer Prozess sukzessiver Annäherungen dar, oft
mit vielen unangenehmen Überraschungen verbunden. Management bedeutet
dabei vor allem die Kraft aufzubringen, auch dann am Ball zu bleiben, wenn
alles zunächst gegen einen Erfolg spricht. Bei Innovationen und Entwicklung
geht es also vorrangig nicht um das selbstbezügliche Steuern von betrieblichen
Vorgängen, sondern um das Managen des Unvorhersehbaren, von Experimenten. Der Nobelpreisträger H. A. Simon (1977) hat dieses Managementproblem
bereits in den 1960er Jahren auf den Punkt gebracht, als er sich im Rahmen der
Künstlichen-Intelligenz-Forschung mit der künstlichen Erzeugung von Entwicklungen befasste.
Wie komplex der Hintergrund von Innovationen ist, zeigen seine folgenden,
scheinbar schlichten Fragen:
    – Wo soll ich suchen?
    – Wie und womit soll ich suchen?

– Wann soll ich die Suche beenden und eine Lösung als befriedigend akzeptieren?

Entwerfen und Entwickeln als Prozess zu beschreiben, stellt uns vor große theoretische und praktische Probleme. Denn allzu oft handelt es sich um eine Suche, bei der wir gar nicht wissen, wonach wir Ausschau halten. Wie organisiert man aber die Suche nach und die Entwicklung von etwas, das man nicht kennt? Ergebnisse der Zielforschung etwa haben gezeigt, dass in innovativen Kontexten vielfach überhaupt nicht klar ist, welches Ziel genau erreicht werden soll bzw. kann (Hauschildt, 1997).

Die konkrete Gestaltung von Organisationsformen für die Produktion des Neuen hängt auch von bestimmten Ausgangssituationen ab. Je nach Grad der Zielvorgabe handelt es sich etwa um eine geplante Innovation oder um eine „blinde" Variation.

Insgesamt kann man festhalten, dass das Management der Produktion des Neuen substantiell anders gelagert ist als das Management wiederholbarer Routineoperationen. Das liegt u. a. auch daran, dass die EntscheidungsträgerInnen im Innovationsprozess die Konsequenzen und Auswirkungen ihrer Entscheidungen ex ante gar nicht überblicken können. Die damit verbundene Unsicherheit umfasst weite Teile des Produktionsprozesses, wobei deren Ausmaß in einem direkten Verhältnis zum Neuigkeitsgrad des Vorhabens steht. Daher ist es nur zu verständlich, dass auch die Planung des zu erwartenden Erfolges sehr schwierig ist.

Saubere, lineare Sequenzen, wie für Routineprozesse üblich, sind im Rahmen der Entwicklung in Projektform eher die Ausnahme. Es geht mehr um ein ständiges Probieren, Annähern, sehr häufig verbunden mit Wiederholungsschritten – bis ein bestimmtes (häufig zufälliges) Ergebnis als brauchbar selektiert wird. Daher lautet die Empfehlung des Innovationsmanagements, die Entwicklung von Innovation dem normalen routineorientierten Geschäftsgang zu entziehen. „Da man die Innovation nicht vorhersagen kann, ist auch die Routineorganisation auf derartige Fragestellungen nicht zugeschnitten." (Hauschildt, 1997:43) Man kann nur beschränkt auf gesicherte Prozeduren zurückgreifen, d. h. man steht vor einem „organisatorischen Dilemma zwischen operativer Stabilität und innovativer Dynamik" (Gaitanides/Wicher, 1986:385). Das Konzept der klassischen betrieblichen Steuerung ist diesem Dilemma nicht gewachsen, weil der Problemlösungsprozess nicht linear, sondern in rekursiven Schleifen verläuft.

Viele Vorstellungen von Nachfolgeoperationen und Linearstrukturen im Entwicklungsprozess müssen vor diesem Hintergrund überdacht werden. Vor al-

lem aber entsteht im Kontext von Entwurf und Entwicklung ein Steuerungsproblem im Sinne managementtheoretischer Überlegungen (vgl. 3.5.3 Evolutionstheoretische Ansätze).

„Steuern" bzw. managen in Entwicklungszusammenhängen kann deshalb
nicht bloße Disziplinierung im Sinne einer permanenten Reaktualisierung von
Regeln (Foucault, 1991) in hierarchischen Ordnungen sein, sondern ist nur
denkbar als Gestaltung und Entfaltung von Möglichkeitsräumen, in denen
auch die Freiheit zum Regelbruch, zum Widerspruch bis hin zur vollständigen
Dekonstruktion des Bestehenden Platz greifen können muss.

Bei nichttrivialen Prozessen (von Foerster, 1993) verlagert sich der Interven-
tionsschwerpunkt von der Regelung zur Anregung; d. h. es gilt im Rahmen
festgelegter Möglichkeiten durch Interaktionen mit unterschiedlichen TeilnehmerInnen Vorstellungen, Visionen, Ideen, Theorien zu erzeugen und diese
dann als Vorschläge im Entwicklungsprozess zu verwenden. Wobei vielfach
unbestimmt bleibt, wie und auf welche Weise diese Alternativenbildung erreicht werden kann.

Basis dieser Überlegungen ist die Vorstellung, dass neue Formen nur durch
Unterscheidungen sichtbar werden, welche meist zufällig durch Interaktionen
in „Spielräumen" entstehen (Spencer-Brown, 1997).

Möglichkeits- oder Spielräume unterliegen anderen organisatorischen Bedingungen als klassische hierarchische Ordnungsräume, die ja u. a. der Zufalls-
vermeidung dienen.

Spielräume haben nicht die Form von Kausalzusammenhängen linearer Prozessfolgen (Reihengestalten), sondern von Komplexionen (Möglichkeitsräumen). Das heißt, die Komplexität der Aufgabenstellung verlangt die Gestaltung komplexer Koordinationsformen.

Letztlich entsteht aber genau daraus Neues, weil durch die hohe Zahl an
wechselseitigen Irritationen ein so großes Anregungspotential freigesetzt
wird, dass dadurch die Wahrscheinlichkeit der Entdeckung von Unbekanntem
erhöht wird.

Die wichtigste Voraussetzung dafür ist das zumindest temporäre Verlassen eigener bzw. Integrieren fremder Kontexte sowie das bewusste Brechen von
Konventionen. Entwerfen und Entwickeln meint genau dies:

Das Gegebene, Gesicherte von seiner Eindeutigkeit zu befreien und mit anderen Orten, Bedingungen, Gedanken, Empfindungen, d. h. mit Mehrdeutigkeit
zu konfrontieren.

Entwerfen und Entwickeln des Neuen setzt also „gezieltes" transkontexturel-les Interagieren voraus, um unkonventionelle Sichtweisen und Alternativen zu erschließen.

Wenn Veränderung prinzipiell durch Operationen in Möglichkeitsräumen ent-steht, wird es notwendig, auf Begriffe zu verweisen, die jenseits rationaler Denkmodelle existieren und sie gerade deshalb begründen helfen.

Phantasie, Imagination, Spontaneität und Kreativität beschäftigen sich alle-samt mit Emotion und Intuition, also mit jenen Zugängen zum Dasein, die außerhalb der rationalen Verstandestätigkeit liegen, aber größten Einfluss auf unser Sein und Handeln haben.

Diese „prälogischen" Zugänge bezeichnen basale Fähigkeiten der Welterzeu-gung, ohne die Entwicklung undenkbar erscheint. Die Phantasie (Vorstel-lungskraft) etwa wird durch tätige Wahrnehmung erzeugt, bei der Wünsche und Sehnsüchte Bilder erzeugen und verändern (Condrau, 1982).

Die Imagination (Einbildungskraft) transformiert und vergegenständlicht Ab-straktes in Bilder, wodurch ebenfalls Vorstellungen entstehen.

„Imagination ist die Latenz der Seele. Ohne festen Bezug zur Wahrheit und Falschheit, der eigenen Grenzenlosigkeit ausgeliefert, ermöglicht sie den Lebewesen die erste rudimentäre Form von Freiheit. Jede mögliche Welt kann durch Einbildungskraft hervorgebracht werden." (Condrau, 1982:31)

Das Agieren in Möglichkeitsräumen erfordert in gewisser Weise Spontaneität, d. h. die Bereitschaft sich unmittelbar auf Situationen einzulassen und zu rea-gieren. Spontaneität erzeugt deshalb Irritationen, weil sie eine Reaktion ohne Kalkül, abseits von Steuerung, Disziplinierung und festgelegten Horizonten ist.

„Kreativität als etwas, was jedem Menschen je spezifisch leiblich mitge-geben ist, ist selbst in dieser höchst individuellen Form in einem Milieu der Koexistenz verwurzelt und deshalb wesensmäßig und immer Kokrea-tion." (Vladimir N. Iljne in: Petzold/Orth, 1991:203).

Vladimir N. Iljne, der Begründer des Therapeutischen Theaters, plädiert zur Förderung der Kreativität für die Entwicklung eines Milieus, in dem schöpfe-rische Wechselseitigkeit entstehen kann.

Entwicklung aktualisiert sich weiters auch im Operieren mit Risiken.

Risiko bedeutet die Möglichkeit, das Ziel zu verfehlen, und splittet sich in wir-kungs- sowie ursachenbezogene Aspekte (Macharzina, 2003).

Der wirkungsbezogene Aspekt umfasst die drohende Verlustgefahr und der ur-sachenbezogene Aspekt bezieht sich auf die Informationslage von Entscheidungsträgern. Es geht also beim Umgang mit Risiken immer um die Abschätzung bestimmter Eintrittswahrscheinlichkeiten von Ereignissen. Innovationen sind per se riskant, da sie einerseits Unbestimmtheit über die Zielerreichung (z. B. den ökonomischen Erfolg) und andererseits Unbestimmtheit des Prozessverlaufes selbst beinhalten. Entwickeln heißt dann, Nicht-Genau-Wissen in sicheres Wissen überzuführen. Ob es ein sicheres Wissen über Erfolg oder über den Misserfolg ist, entscheidet sich weitgehend außerhalb der Organisation.

Dazu kommt, dass der Erneuerungsdruck der Märkte und Organisationsumfelder zudem nicht nur häufigere, sondern vor allem immer schnellere Entscheidungen fordert.

1.2 Projekte als Problemlösung

Versteht man Projekte als Organisationsform planvoller, umweltgeduldeter Versuchs- und Irrtumsprozesse (vgl. 3.5.3 Evolutionstheoretische Ansätze), dann wird bereits ansatzweise deutlich, warum Projektorganisation und Projektmanagement als Problemlösung für die Herstellung des Neuen dienen kann.

Projekte schaffen den Rahmen für die Entwicklung von der Invention (Idee) bis zur Verwertung (Nutzung). Durch ihre eingebaute Temporalisierungslogik (Verzeitlichung aller Elemente) entsteht die Möglichkeit des Designs rekursiver Prozesse zur sukzessiven Annäherung an Zielvorstellungen – als eine Art Experiment auf der Suche nach dem Unbekannten. Gleichzeitig ist diese Logik auch ein probates Mittel des Kosten- und Risikomanagements, weil dadurch der mögliche Ressourceneinsatz kalkulierbar bleibt. Die in Projekten gängige Fragmentierung aller Prozesse in einzelne abgrenzbare Einheiten unterstützt das Management auch sehr komplexer Aufgabenstellungen außerhalb bewährter Routinen (vgl. 7.1 Formen der Strukturierung – Instrumente und Methoden).

Das in Entwicklungszusammenhängen virulente Steuerungsproblem wird in Projekten größtenteils durch institutionalisierte Soll-/Ist-Vergleiche gelöst – auf Basis von zeitkritischen Plänen, Aufgabenbeschreibungen und Vereinbarungen.

Die im Hume'schen Gesetz formulierte Differenz von Sein und Sollen – Grundlage aller normativen Gestaltungsempfehlungen – ist im Projekt sozusagen als Produktionsmodus eingebaut. Die ständige reflexive Überprüfung aller Prämissen – der inhaltlichen ebenso wie der organisatorischen – dient auch der Generierung sog. sich selbst durchsetzender Aussagen über das Projektgeschehen. Dadurch werden alle Beteiligten verlässlich darüber informiert, ob das empfohlene Vorgehen im gegenständlichen Fall tatsächlich sinnvoll und vorteilhaft ist.

Die Projektorganisation stellt sich durch Soll-/Ist-Vergleiche während ihres Verlaufes kontinuierlich selbst in Frage. Sie kann so jederzeit auf den eigenen Prozess mit Änderungsvorschlägen reagieren, ohne die zugrunde gelegten Prämissen aufgeben zu müssen.

Die Leistungserbringung im Projekt orientiert sich grundsätzlich am Ergebnis (z. B. Ziel oder Anforderung) und nicht am Prozess der Leistungserstellung selbst. Man setzt dabei auf die Koordination selbststeuerungs- und selbstorganisationsfähiger AkteurInnen, denen sich dadurch Handlungsspielräume und Freiheitsgrade eröffnen, die Raum für Phantasie, Imagination, Improvisation, Spontaneität und Kreativität bieten. So kann jenes Anregungspotential entstehen, das die „zufällige" Entdeckung des Neuen fördert.

Insgesamt kann man Projektorganisation und Projektmanagement als spezielle „Grammatik" für die Beherrschung prinzipiell offener Situationen auffassen, die ansonsten beliebige und voneinander unabhängige Handlungen zu vernünftigen, arbeitsteiligen Folgen zusammenfügt – nach „Rezepten" zur temporären Gestaltung von Handlungen (z. B. Pläne) und nach „Rezepten" für die Interpretation (z. B. Konzepte) dessen, was getan werden soll.

1.3 Zusammenfassung

1. Die Herstellung von Innovationen und Unikaten „am Fließband" und unter Zeitdruck ist die größte Herausforderung modernen Wirtschaftens.
2. Neue Ideen (Inventionen) sind noch keine Innovation. Erst die zielgerichtete Entwicklung von Erfindungen im Hinblick auf Nutzung und Verwendung schafft die Voraussetzung für das Entstehen innovativer Formen.
3. Bei der Entwicklung von Innovationen geht es vorrangig um das Managen des Unvorhersehbaren in Form von Versuchen.
4. Die Ausgangssituation (Vorhersehbarkeit von Ergebnissen) bestimmt die Gestaltung von Entwicklungsvorhaben wesentlich.
5. Die Aufgabenstellungen bei der Herstellung des Neuen haben strukturell ein stark eingeschränktes Routinisierungspotential. Die dazu notwendigen Problemlösungsprozesse verlaufen selten linear, sondern in rekursiven Schleifen.

6. „Steuern" bzw. das Management von Entwicklungszusammenhängen muss den Umgang mit Zufällen, Irritationen und Fehleinschätzungen bewältigen können.

7. Die Entwicklung des Neuen setzt das zumindest zeitweilige Verlassen vertrauter bzw. die Integration fremder Kontexte voraus.

8. „Welterzeugung" im Sinne der Herstellung von Artefakten baut auf „prälogische" Fähigkeiten wie Phantasie, Imagination, Spontaneität und Kreativität auf.

9. Entwickeln ist riskant. Schwer einschätzbare Zeithorizonte und Kosten, mangelhafte Kontrolle über Umwelteinflüsse oder der Einsatz wenig erprobter Verfahren, Materialien und Systeme erzeugen ein großes Risikopotential.

10. Die Projektform ist ein schlüssiger Lösungsansatz für die Organisations- und Managementprobleme im Rahmen der Herstellung des Neuen. Die eingebaute Temporalisierungslogik (Anfang und Ende als Strukturelemente), die Nutzung rekursiver Prozesse zur schrittweisen Entwicklung, die durchgängige Steuerung durch Soll-/Ist-Vergleiche, die Strukturierung in einzelne, abgegrenzte Aufgabenstellungen sowie die Nutzung der Selbstorganisationsfähigkeit der beteiligten AkteurInnen – all das unterstützt die Organisation einer reflexiven Produktion und das Managen von Experimenten auf Zeit.

2 Von der Projektemacherei zum Managementsystem

2.1 Projektemacherei als Phänomen der Moderne

Projekte als eine spezifische Form organisierter Vorgehensweise sind keine Errungenschaft des 20. Jahrhunderts (wie die meisten ProjektmanagementautorInnen vermuten), sondern gehen einher mit der Entwicklung der Moderne. Markus Krajewski (2004) ist es zu verdanken, dass es seit kurzem eine ebenso spannende wie lehrreiche Abhandlung über die Geschichte der Projektemacherei gibt. Der folgende kurze Einstieg in dieses Thema stützt sich wesentlich auf die Arbeiten von ihm und seiner MitautorInnen.

Projektemachen, so kann man wohl getrost behaupten, ist die dominante Form des schöpferischen Neugestaltens der Moderne geworden. Etwa gleichzeitig mit dem Beginn der modernen Naturforschung (Galilei, 1581) taucht der Begriff Projektemacher auf, oftmals synonym verwendet mit dem Begriff des „Undertakers" (in dem man unschwer Schumpeters „Entrepreneur" erkennen kann). In England spricht man bereits 1550 vom „great projector" als von einem, der mit „allerlei Projekten schwanger geht" (Krajewski, 2004:11).

Der Autor Thomas Brigis verfasst 1641 eine Arbeit mit dem Titel „The Discovery of a Projector" und Daniel Defoe (Autor von „Robinson Crusoe") schreibt 1697 seinen bekannten „Essay upon Projects". Darin wird Krajewski zufolge bereits eine symptomatische Arbeitsteilung sichtbar, die konstitutiv für Pläneschmiede und ihre Aktionen sei: Der Projektemacher legt sein Gewicht hauptsächlich auf die Entwicklung, Ausarbeitung und Skizzierung diverser Pläne, während die tatsächliche Umsetzung derselben den anderen übertragen wird.

Für Defoe jedenfalls beginnt mit der Projektemacherei eine neue Epoche: „But about the year 1680 began the Art and Mystery of Projecting to creep in to the world." (Krajewski, 2004:15)

Was ist nun unter einem Projekt am Beginn der Moderne zu verstehen?

Der Begriff „Project" leitet sich aus dem lateinischen „partizipium projectus" (hingeworfen, entworfen) ab und bezeichnet ein Vorhaben mit entsprechendem Plan dazu – also ein Konzept, das mehr ist als eine Idee. Georg Heinrich Zincke unternimmt 1744 folgenden Definitionsversuch des Projektes:

> „Einen solchen Entwurff also, welcher zu unserer und anderer reiffen Ueberlegung und Entschliessung eines vorzunehmenden wirthschaftlichen Policey- oder Cammergeschaeffts aus denen untersuchten Theilen eines Einfalls von einem solchen neuen Geschaeffte gemachet und schriftlich vorgelegt wird, damit man das gantze Vorhaben gleichsam in einem Blick

zuverlaessig uebersehen koenne, nenn ich im eigentlichen Verstande einen Vorschlag oder ein Project." (Krajewski, 2004:12)

2.1.1 Projektemacher als Produzenten von Innovationen

Was also ein Projekt gegenüber einem bloßen Plan oder utopischen Entwurf auszeichnet, ist einerseits die Darstellung der Umsetzbarkeit und andererseits damit verbunden die Unterwerfung unter überprüfbare Konditionen. Es geht um diesen speziellen Aspekt der Realisierbarkeit, d. h. um die Anschlussfähigkeit an Bestehendes (Stanitzek, 2004). Durch das Gelingen wird ein Projekt zum Produkt und zur Innovation. Begreift man Innovation als Produkt spezifischer Wertschöpfungsprozesse, dann ist das Projektemachen zwischen Erfinden und Vermarkten anzusiedeln – man würde es heute als Entwickeln bezeichnen. In manchen Fällen können alle drei Funktionen von einer Person ausgefüllt werden. Sehr häufig werden diese aber arbeitsteilig organisiert.

Die Konjunktur der Projektemacher im 16. und 17. Jahrhundert ist auch als eine Antwort auf die strukturelle Unsicherheit moderner Gesellschaften zu verstehen. Die aufziehende Moderne fördert die Individualisierung, macht die Subjekte „einzigartig" und diese Einzigartigkeit muss in der Folge permanent hergestellt werden. Im Kampf um „Alleinstellungsmerkmale" wird Konkurrenz zum zentralen Interaktionsmodus – manchmal auch um den Preis fortschreitender Entsolidarisierung.

2.1.2 Projektemacherei im Zeichen der Vernunft

Projektemacher als ProduzentInnen von Innovationen entwickeln mögliche Welten – aber nicht als beliebige Welten, sondern als solche, in denen Vernunftwahrheiten und gängige Prinzipien gelten (Kursel/Schäfer, 2004).

Das Fiktionale steht im Projekt nicht für sich, sondern dient der Erweiterung von Möglichkeiten im Rahmen vernünftigen Vorgehens. Die Beweglichkeit der Projektemacher erklärt sich u. a. auch durch die Anwendung eines Vernunftbegriffes, der (im Kant'schen Sinne) Handeln nicht nur auf das Befolgen von Regeln festlegt, sondern auf Vorstellungen von Regeln rekurriert. Vorstellungen wiederum halten normatives Handeln im „Fluss" und zwar ohne die Regelwerke selbst in Frage zu stellen.

Vorstellungen ermöglichen die Interpretation von Regeln auf der Ebene diskursiver Beurteilung regelgeleiteter Praktiken, womit die „Freiheit" des Handelns auch dann erhalten bleibt, wenn alles normativ festgelegt ist. Genau hier hakt der Projektemacher ein. Der Projektemacher schickt sich also an, in diesem Sinne vernünftig (regel- und normengeleitet) und frei (urteilsfähig und verantwortungsfähig) die Welt zu entwickeln. Ein Skandal für alle, die keine eigenen Vorstellungen entwickeln und sich keine eigenen Urteile erlauben. Projektemacher tauchen häufig an Orten ungesicherter Ordnungen auf – dort, wo sich Möglichkeiten und Gelegenheiten ergeben – als ProduzentIn, BeraterIn, UnternehmerIn, WissenschafterIn oder IngenieurIn. Gleichzeitig entzieht sich der Projektemacher dem Zugriff durch Institutionen – er/sie operiert häufig im „Randständigen", in den Grenzbereichen der Erfahrung, des Wissens, der Ordnung. Er/sie nimmt dabei bewusst das Scheitern in Kauf, ja nutzt diesen Umstand sogar als Chance zum Weiterkommen, zum Lernen – als optimale Erkenntnisposition. „Der Projektemacher beherrscht die Kunst, im Moment des drohenden Misslingens eine außergewöhnliche Produktivität zu entfalten." (Krajewski, 2004:24)

Das Verhalten der Projektemacher wird übrigens im 18. Jahrhundert als politisch verstanden (im Sinne von „Privatpolitik"). Der „Privatpolitiker" verfolgt und nutzt Gelegenheiten, er stellt sich auf gebotene Möglichkeiten „anschlussrational" ein.

„Gelegenheiten für Projekte zu suchen und Projekte auf Gelegenheiten zuzuschneiden, macht ja seine Ratio aus und verhilft ihm zu jener extremen Beweglichkeit, welche dem – relativ dazu – konservativen Beobachter seines Treibens zur Zumutung wird." (Stanitzek, 2004:36)

Gerade diese selbstbewusste Erscheinung der Projektemacher als VerändererInnen richtet sich bald gegen sie. Sie werden im 18. Jahrhundert oft als Abenteurer betrachtet, als Unruhestifter identifiziert und diffamiert – als „eine lächerliche Klasse von Menschen, die sich mit der Entwerfung verschiedener Pläne abgibt" (Stanitzek, 2004:31).

Andererseits sind Projekte zu dieser Zeit längst normal, sozusagen Alltagspraxis, und der Projektemacher wird auch bereits als ProduzentIn von Innovation wahrgenommen.

2.1.3 Projektemacher als „Luftmenschen" und „Ich-AG"

Im Russland des 19. Jahrhunderts entsteht die Kategorie der sog. Luftmenschen – hauptsächlich jüdische BürgerInnen mit guter Ausbildung aber ohne Aussicht auf Arbeit. Während der russischen Revolution werden aus vielen „Luftmenschen" (Leben buchstäblich von Luft!) Projektemacher – sie nutzen Möglichkeiten und Gelegenheiten. Andere wandern nach Amerika aus und beginnen aus einer „Marginal Man Position" heraus günstige Gelegenheiten zu nutzen, machen Konzepte und Businesspläne.

„Luftmenschen" und Projektemacher waren und sind in Amerika immer will-kommen – sie nähren den Mythos vom „Tellerwäscher zum Milliardär" (Höge, 2004). Heute geraten immer mehr soziale Gruppen und Schichten in die Posi-tion von „Luftmenschen", von „ungewollten" Projektemachern, die zur „Selb-ständigkeit" und Gründung von Ich-AGs genötigt werden. Aus sog. freigesetz-ten (oder an die Luft gesetzten) Menschen werden „MacherInnen".

Gleichzeitig hat sich aus der Verachtung des „lächerlichen Projectanten" (Jo-sef Richter, 1811) eine gewisse Wertschätzung von Projekten und Projektema-chern entwickelt. Denn auch in der Wissenschaft wird das Projektemachen u. a. als Labordisziplin zur beherrschenden Vorgehensweise (Knorr-Cetina, 2002b).

Die Eliten selbst werden zu Projektemachern – zu „Nomaden des Fort-schritts".

Am anderen Pol des Projektemacherspektrums entwickelt sich der sog. Men-in-Sportswear-(MIS-)Typ, das Sinnbild aller postproletarischen Projektema-cher – der in Banden clanähnlich organisiert illegale Geschäfte betreibt – er-finderisch, kreativ, randständig und effektiv (Höge, 2004).

Die immer größer werdende Zahl von selbständigen Projektemachern organi-siert sich notgedrungen in Netzwerken oder Pools. Allerdings nicht mehr im Zeichen der Solidarität, sondern zur Sicherung wechselseitiger Optionen. Da alle Projektbeteiligten untereinander im Wettbewerb stehen, braucht man Netzwerke nicht mehr zur Versicherung der eigenen sozialen Identität, son-dern für die eigene Karriere, für das nächste Projekt und für Leute, auf die man sich verlassen kann (vgl. 6.2 Die Bedeutung von Netzwerken).

Der soziale Austausch wird in diesen modernen Netzwerken zunehmend in-strumentalisiert – er dient nicht mehr in erster Linie dem Aufbau sozialer Be-ziehungen, sondern dem Geschäft (innerhalb von Produktionsnetzwerken).

Die Erfindung des Individuums, die „Freisetzung" der Menschen in der Mo-derne, die Notwendigkeit zur Differenz kann man so gesehen als Ausgangs-punkt zur Entwicklung neuer wirtschaftlicher Produktionsformen identifizie-ren. Im Rahmen einer *Ökonomie der Erneuerung* hat sich aus der Projektemacherei der vergangenen Jahrhunderte ein neuer Managementtyp entwickelt – das Projektmanagement.

2.2 Die Entstehung des Projektmanagements im Zeichen komplexer Innovationen

Krieg scheint auch im Rahmen des Projektmanagements „der Vater aller Din-ge" zu sein, insbesondere dann, wenn es wie im Zweiten Weltkrieg um einen erbitterten Wettkampf bezüglich technologischer Überlegenheit geht. Genau genommen ist es ein Wettrennen um die Produktion von kriegsentscheidenden Innovationen. Alle bisher angewendeten Organisationsprinzipien erweisen sich angesichts der komplexen, komplizierten und zeitkritischen Aufgabenstellungen in vielen Hinsichten als unbrauchbar.

„We had to make something never made before, to create a capability where one did not exist, to break a massive bottle-neck, to overcome crippling short ages, to leapfrog strangling difficulties, to bring in to immediate play whole areas for new knowledge and technology." (Webb, 1996:35, in: Dittberner, 1998)

Die bislang streng nach dem Prinzip vertikaler (d. h. hierarchischer) Koordination orientierte funktionale Managementphilosophie (Weber, Fayol, Taylor etc.) stößt angesichts derartiger Herausforderungen schnell an ihre Grenzen. Die Produktion von komplexen Innovationen unter enormem Zeitdruck und existenzbedrohenden Rahmenbedingungen führt zu einer für das Militär radikalen Änderung der Organisationsformen. Komplexe Aufgaben werden von alltäglichen Routinen abgekoppelt, auf unabhängige Organisationseinheiten übertragen oder als autonome Operationen innerhalb bestehender Einheiten implementiert (Dittberner, 1998).

Dabei stellt das Manhattan Engineering District Project (zur Entwicklung der Atombombe) alle bisher Dagewesenen in den Schatten:

„It [...] brought together in secret establishments around the country an army of scientists and engineers drawn from universities, industry and government itself, plus a tremendous number of support personal." (Webb, 1969:36)

Es ist die größte derartige Herausforderung dieser Zeit und gleichzeitig die Geburtsstunde einer neuen Managementphilosophie (Cleland, 1969).

Zwar werden die traditionellen Managementkonzepte keineswegs abgelehnt, aber die komplexen Aufgabenstellungen des Militärs und etwas später der Raumfahrt ergeben die Notwendigkeit zur Veränderung der Vorgehensweisen, z. B. der Autoritätsbeziehungen innerhalb der Organisation.

2.2.1 Erste PM-Regelwerke im Zeichen des Wettrüstens

Entwicklungen in kürzestmöglicher Zeit zustande zu bringen spielt auch im Wettrüsten zwischen den USA und der damaligen Sowjetunion eine essentielle Rolle und so werden die Erfahrungen aus dem Zweiten Weltkrieg insbesondere für die Entwicklungen innerhalb der Raumfahrt genutzt. Im Rahmen der erfolgreichen Konstruktion der ersten amerikanischen Interkontinentalrakete

entsteht ein erstes Rahmenregelwerk für die Abwicklung von Luftwaffenpro-
jekten mit der Bezeichnung AFSCM 375 (AFSCM = Airforce System Com-
mand Manual), das später als „Standardwerk des modernen Projektmanagements" (Madauss, 1994:10) entsprechende Beachtung erlangt. Schon in den
Projekten der 1950er und 1960er Jahre werden Strukturmerkmale sichtbar, die
bis heute Projektarbeit prägen. So wird z. B. die Rolle des Projektleiters/der
Projektleiterin hervorgehoben, dessen/deren Aufgabe es vorrangig ist, die Planung, Koordination und Kontrolle des Vorhabens zu organisieren. Daneben hat
er/sie Orientierungs- und Vorbildfunktion und trägt somit viel zur Motivation
des Teams bei. Nicht zuletzt bekommt damit auch der Erfolg oder der Misserfolg einen Namen.

Da die genannten Projekte dieser Zeit großteils im Regierungsauftrag abgewi-
ckelt werden, üben eine Vielzahl an Stellen und Gruppen direkten und indirek-
ten Einfluss aus. Das ist für die Entscheidungsfindung eine enorme Herausforderung und stellt rein autokratische bzw. hierarchische Entscheidungsmuster
häufig in Frage. Diesem Umstand wird später durch die Integration von Um-
feld- bzw. Stakeholdermanagementansätzen auch explizit Rechnung getragen.

2.2.2 Projektmanagement erobert die Industrie

Die großen Militär- und Raumfahrtprojekte wurden und werden in Kooperation mit einer Vielzahl von Unternehmen durchgeführt, die sehr unterschiedliche Expertisen und Komponenten einbringen. So kommt den entwickelten
Projekthandbüchern wie dem erwähnten AFSCM 375 eine zusätzliche Bedeutung zu. Sie dienen neben der Koordination aller beteiligten Unternehmen
auch der Selektion möglicher Partner. Ähnlich der wesentlich später im Rahmen der Automobilindustrie entwickelten Qualitätsnormen und deren Einsatz
im Zulieferwettbewerb, werden von den auftragswerbenden Firmen Erfahrungen und Kenntnisse in der Projektorganisation verlangt (Baumgartner, 1963,
in: Dittberner, 1998). Das führt u. a. zur Einführung der Projektmanagementphilosophie in weite Teile der involvierten amerikanischen Industrieunternehmen. Einige AutorInnen sehen darin vor allem den Wunsch des Verteidigungs-
ministeriums, möglichst großen Einfluss auf die beteiligten Unternehmen
auszuüben, man kann dies aber auch so interpretieren, dass die Projekthandbücher im Wesentlichen dazu dienen, temporäre Unternehmensstrukturen zu
etablieren.

Dass die GeldgeberInnen und AuftraggeberInnen dabei ihren Einfluss geltend
machen wollen, liegt in der Natur der Sache. Wichtig ist in diesem Zusammenhang meines Erachtens vor allem, dass im AFSCM-Handbuch Vorge-

hensweisen, Methoden und Verfahren beschrieben sind, die im Grunde den Großteil der bis heute gängigen Projektmanagementkonzepte umfassen (Dittberner, 1998). Zentrale Bestandteile der Projekthandbücher sind sog. Pflichtenhefte, die einen derartigen Detaillierungsgrad erreichen, dass Anbote für Hauptkomponenten mehr als 60.000 Seiten umfassen können.

In Europa setzt man angesichts der Erfolge amerikanischer Großprojekte ebenfalls (wenn auch etwas zeitversetzt) auf Projektmanagementmethoden und -instrumente (Madauss, 1994; Schelle, 2005). Im Vordergrund steht zunächst Netzplantechnik, die viele Jahre quasi zum Synonym für Projektmanagement wird.

So hat z. B. das 1969 gestartete bilaterale Helios-Projekt zwischen den USA und der Bundesrepublik Deutschland neben der Erforschung der Sonne auch ein dezitiertes organisatorisches Ziel: „Zugewinnung von managerialem und technologischem Know-how für die deutsche Industrie" (Madauss, 1994:24). Es gilt seither als Meilenstein der deutschen Luft- und Raumfahrtindustrie und führt zur Einführung von Projektmanagementtools in die deutsche Industrie nach amerikanischem Muster (Dittberner, 1998) sowie zur Gründung von Projektmanagementvereinigungen (z. B. der bekannten GPM – Gesellschaft für Projektmanagement in Deutschland).

2.2.3 Vom Methodenset zum Projektmanagementsystem

In den 1960er Jahren setzen auch viele US-amerikanische Unternehmen (mit den genannten Ausnahmen Luft-, Raumfahrt und Rüstungsindustrie) eher informelle Methoden zur Abwicklung ihrer Projekte ein. Die meisten Projekte bleiben auf Kurs und werden nicht in eigenen Projektorganisationen bearbeitet. Erst in den frühen 1980er Jahren setzen sich allmählich formalisierte Projektmanagementsysteme durch, vor allem dort, wo Größe und Komplexität der Aufgabenstellungen die bestehende Struktur überfordern. Die Einführung einer Managementstruktur auf Zeit, in der man sich vom Routinegeschäft kurzzeitig lösen kann, erweist sich von Vorteil, auch wenn dadurch Autoritäts- und Ressourcenkonflikte spezifischer Art entstehen (Kerzner, 2003). Ab den 1970er Jahren wird auch zunehmend über Projektmanagement publiziert. 1970 erscheint in der Oktoberausgabe der Zeitschrift „Business Werk" folgender Absatz:

„Projektteams und Arbeitsgruppen machen sich zunehmend damit vertraut, komplexe Probleme zu lösen. Es wird immer mehr so genannte temporäre Managementsysteme oder Projektmanagementsysteme geben, bei denen die Mitarbeiter, die für die Entwicklung der Lösung benötigt werden, zusammenkommen, ihren Beitrag leisten und möglicherweise niemals ein festes Mitglied einer festen oder dauerhaften Managementgruppe sein werden." (Kerzner, 2003:35)

Man darf annehmen, dass es u. a. der „flüchtige" Charakter dieses neuen Managementsystems ist, der eine tiefergehende, will heißen wissenschaftliche Reflexion desselben bis heute verhindert. Man nützt die Methoden und Werkzeuge, man erweitert ständig PM-Systeme, aber die dahinter liegenden Zusammenhänge stoßen offenbar auf kein allzu großes Interesse. Das führt dazu, dass Projektmanagementsysteme großteils appellativen, imperativen und normativen Charakter haben, d. h. sie verzichten weitgehend auf die Entwicklung und Darstellung von Begründungszusammenhängen.

Projektmanagement reift zum Managementsystem für „Ad-hoc-Unternehmungen" unterschiedlichster Ausprägung.

Die improvisationsfreudige „Projektemacherei" wird endgültig zum integrativen Projektmanagementsystem und die bewusste Veränderung der Welt durch Innovation zur permanenten Herausforderung.

So zeigt etwa eine Untersuchung im Siemenskonzern (Burghardt, 2002), dass zwei Drittel der Produkte der Sparte Elektrotechnik nicht älter als fünf Jahre sind, d. h. innerhalb von fünf Jahren muss derselbe Umsatz mit Produkten gemacht werden, von denen um die 70 % noch nicht entwickelt, also jeweils unbekannt sind.

2.3 Projektmanagement als Managementsystem

In den späten 1960er Jahren wird im Anschluss an den ersten INTERNET-Kongress (Bezeichnung für das erste internationale Projektmanagementforum, an dem ExpertInnen aus den USA und Europa teilnahmen) in Wien deutlich, dass Projekte nicht nur mit Planungssystemen effizient zu bewältigen sind. Deshalb wird zur Erweiterung der Perspektive der Begriff „Projektmanagement" international etabliert. In den USA wird 1969 das Project Management Institut (PMI) gegründet, das sich bald zur führenden professionellen Vereinigung für Projektmanagement entwickelt.

Neben dem bereits erwähnten deutschen Fachverband GPM (Deutsche Gesellschaft für Projektmanagement) ist im Hinblick auf die Entwicklung eines Projektmanagementsystems auch die IPMA (International Project Management Association) von Bedeutung, die aus der INTERNET-Vereinigung hervorgeht.

2.3.1 Die Entwicklung von Projektmanagementstandards

All diese Verbände stecken sich seit ihren Anfängen das Ziel, die zahlreichen unterschiedlichen Managementpraktiken der Projektmanagementwelt in einem international verbindlichen Standarddokument systematisch zu gliedern und zusammenzufassen. Dieses verbindliche Projektmanagementmodell gibt es bis zum gegenwärtigen Zeitpunkt noch nicht. Allerdings werden seit den 1980er Jahren sowohl in Europa als auch in den USA mehrere richtungsweisende Dokumente entwickelt und veröffentlicht, die zumindest „Quasi-Standards" sind. Im Jahr 1987 erscheint das vom PMI erarbeitete Standarddokument mit dem Titel „The Project Management Body of Knowledge", das heute in der Fassung von 2000 vorliegt und zum verbindlichen Projektmanagementdokument des angloamerikanischen Sprachraumes geworden ist. Etwa zur gleichen Zeit stellt in Europa ein Team der GPM um Prof. Dworatschek den Projektmanagement-Thesaurus und in Folge einen sog. Projektmanagementkanon vor. Der PM-Thesaurus gliedert die Gesamtheit aller Elemente des Projektmanagements in sechs Kategorien und in einen Sektor für Anwendungsgebiete des Projektmanagements (siehe Abb. 3).

Der PM-Kanon wiederum stellt die verschiedenen Dimensionen des Projektmanagements anhand der erforderlichen Kompetenzen dar (siehe Abb. 4).

Als Kanon wird die „Gesamtheit der für ein Gebiet geltenden Regeln und Grundsätze" (Brockhaus, 1992:212) bezeichnet. Er dokumentiert das allgemein akzeptierte Selbstverständnis einer Disziplin.

Die wesentlichen Merkmale eines Kanons umfassen (Pannenbäcker, 2001, in: Griesche et al., 2001):

- Allgemeine Anerkennung
- Strukturierte Zusammenstellung der Gebiete
- Lexikalischer Charakter
- Bezugnahme zur bestehenden Fachliteratur, Definitionen und Normen
- Auslegung auf praktische Anwendbarkeit

Kanons systematisieren in diesem Sinne überblicksartig das Wissensspektrum eines Fachgebietes und sind meist öffentlich zugängliche Dokumente. Die IPMA hat 1999 mit der ICB (International Competence Baseline) ihren Zugang zum „Body of Knowledge" des Projektmanagements vorgestellt, ein weithin anerkannter und konsensfähiger Versuch der Systematisierung in sechs Teilen – Einleitung, Wissen und Erfahrung, persönliches Vorhaben, Taxonomie, Normen und Richtlinien sowie Literatur aus fünf Ländern. Die IBC dient auch als Grundlage des Zertifizierungssystems der IPMA.

Die international größte Beachtung und weiteste Verbreitung hat mit über 300.000 weltweit vermarkteten Kopien sicherlich das bereits erwähnte Dokument „A Guide to the Project Management. Body of Knowledge (PMBOK™ Guide)" des PMI erfahren. Seit 1999 erkennt das American National Stan-

1. Allgemeines Projektmanagement

1	Philosophie, Definitionen
2	Systemtheorie, -technik, -management
3	Lebenszyklen, (LC) Phasenmodell
4	Ziele, Effizienz, Produktivität
5	Leistungsspezifikation, Pflichtenheft
6	Konfigurationsmanagement
7	Qualitätssicherung
8	Vertragsgestaltung, Angebote
9	Risikoanalyse, Bewertung
10	PM-Techniken allgem.
11	Project-Scope
12	Internationales PM
13	Erfolgs- und Misserfolgskriterien
14	Process Management

2. Planung und Kontrolle

1	Netzplantechniken allgemein
2	Strukturierung (Strukturplan)
3	Ablauf-, Balken-, Netzpläne
4	Zeiten, Termine, Kalender
5	Einsatzfaktoren, Ressourcen
6	Kostenschätzung
7	Budgetierung, Design to Cost
8	Kostenkontrolle, Cost Control
9	Kapazitätsbedarf, -abgleich
10	Durchführungstechniken (Aktionsplan)
11	Fortschrittskontrolle
12	Auswertung, Analyse, Standardpläne
13	Projektplanung

3. Organisation

1	Altern. Organisationsformen
2	Separate PM-Linien
3	Matrixorganisation
4	Organisatorische Hilfsmittel
5	Implementierung, Orga-Entwicklung
6	Initiieren, Start-up von Projekten
7	Workshops
8	Integrated Project Teams, Intg. Management
9	Multiprojekte/Programs
10	Organisationale Netzwerke

4. Projektinformationssysteme

1	Informationsbedarfsanalyse
2	Dokumentation (Systeme)
3	Großrechner-Software
4	PC-Software
5	Berichtswesen, Reports, Informationsfluss
6	Präsentation, Grafiken
7	Expertensysteme
8	Frühwarnsysteme
9	Multimedia/Virtuelle Software
10	Netzwerke
11	CBT/Telelearning
12	IT/MIS

5. Projektumgebung

1	Technologische Umgebung
2	Sozioökonomische Umgebung
3	Politische Umgebung
4	Kulturelle Umgebung
5	Organ. Umgebung
6	Öffentlichkeit
7	Medien
8	Unternehmenskultur
9	Projekt-Kunde
10	Projekt-Auftraggeber
11	Stakeholders
12	Globale Umwelt

6. Projektpersonal

1	Tätigkeitsanalyse Projektmanager
2	Rolle des Projektmanagers
3	Personalentwicklung
4	Ausbildung, Training
5	Teambildung
6	Hilfen für Gruppenarbeit
7	Konfliktmanagement
8	Kommunikation
9	Kommunikationskosten
10	Motivation
11	Arbeiten im Team
12	Kult. Differenzen im Team, Multikult. Teams
13	Projektadministrator
14	Führung

7. Sektoren für Projektmanagement

1	Anlagenbau	17	Öffentl. Verwaltung
2	Agrarsektor	18	Rohstoffindustrie
3	Bauindustrie	19	Stadtentwicklung
4	Beratung/Consulting	20	Telekommunikation
5	Bildungsinstitutionen	21	Touristik/Freizeit
6	DV-Hardware	22	Transportwesen
7	DV-Software	23	Umwelt(-schutz)
8	Energietechnik	24	Wasserwirtschaft
9	Entwicklungsländer	25	Sonstige
10	Fertigungsindustrie	26	Staatlicher Sektor
11	F & E (R & D)	27	Automobil
12	Gesundheitswesen	28	Elektronik/Technologie
13	Handel	29	Verteidigung
14	Internat. Projekte	30	Politik
15	Kreditgewerbe	31	JV/Kooperationen
16	Luft-/Raumfahrt		

Quelle: Griesche/Meyer/Dörrenberg (Hrsg.), Wiesbaden, 2001

Abb. 3: Tabelle: Der PM-Thesaurus in modifizierter Form

1 Grundlagenkompetenz		2 Soziale Kompetenz	
1.1	Management	2.1	Soziale Wahrnehmung
1.2	Projekte und PM	2.2	Kommunikation
1.3	Projektumfeld und Stakeholder	2.3	Motivation
1.4	Systemdenken und PM	2.4	Soziale Strukturen, Gruppen und Team
1.5	Projektmanagement-Einführung	2.5	Lernende Organisationen
1.6	Projektziele	2.6	Selbstmanagement
1.7	Projekterfolgs-/-misserfolgskriterien	2.7	Führung
1.8	Projektphasen und -lebenszyklus	2.8	Konfliktmanagement
1.9	Normen und Richtlinien	2.9	Sp. Kommunikationssituationen

3 Methodenkompetenz		4 Organisationskompetenz	
3.1	Projektstrukturierung	4.1	Unternehmens-/Projektorganisation
3.2	Ablauf- und Terminmanagement	4.2	Qualitätsmanagement
3.3	Einsatzmittelmanagement	4.3	Vertragsinhalte/-management
3.4	Kostenmanagement	4.4	Konfigurations- und Änderungsmanagement
3.5	Finanzmittelmanagement	4.5	Dokumentationsmanagement
3.6	Leistungsbewertung und Projektfortschritt	4.6	Projektstart
3.7	Integrierte Projektsteuerung	4.7	Risikomanagement
3.8	Mehrprojektmanagement	4.8	Informations-/Berichtswesen
3.9	Kreativitätstechniken	4.9	EDV-Unterstützung
3.10	Methoden zur Problemlösung	4.10	Projektabschluss/-auswertung
3.11	Internationales PM	4.11	Personalwirtschaft und Projektmanagement
3.12	Process Management		

5 Projektmanagement-Anwendungsgebiete			
5.1	Reengineering	5.9	Öffentliche Projekte/Politik
5.2	Konstruktions- und Anlagenprojekte	5.10	Umweltschutz
5.3	Customer Satisfaction	5.11	Globalisierung
5.4	Org. Entwicklung/Interne Projekte	5.12	Finanzdienstleistungen/Dienstleistungen
5.5	Externe Org. Projekte	5.13	Informationstechnologie
5.6	TQM	5.14	Chemische Industrie
5.7	Kooperationen	5.15	Industrie
5.8	Product Development	5.16	Sonstige

Quelle: Griesche/Meyer/Dörrenberg (Hrsg.), Wiesbaden, 2001

Abb. 4: Tabelle: Der PM-Kanon in modifizierter Form

dards Institute die jeweils aktuelle Version des PMBOK auch als amerikanischen Standard an (Griesche et al., 2001).

2.3.2 Kernaufgaben des Projektmanagements

Um die vielfältigen Ansatzpunkte der Kanonisierung des Projektmanagements besser einordnen zu können, empfiehlt sich folgende Systematisierung der spezifischen Kernaufgaben (Aggteleky/Bajna, 1992):

A Problemerfassung und Zieldefinition
 – Situationsanalyse und Problemdefinition
 – Abgrenzen das Systems (Projektgegenstand)
 – Abstimmen des Systems mit dem Systemumfeld (Projektumfeld) und anderen Systemen bzw. Vorhaben

- Formulieren und Koordinieren der inhaltlichen, strategischen, taktischen, politischen und operativen Projektziele
- Festlegen der Prioritäten im Sinne des Auftraggebers/der Auftraggeberin oder Entscheidungsträgers/Entscheidungsträgerin
- Abstimmung mit übergeordneten strategischen Konzepten (z. B. Programm)

B Aufbauorganisation
- Gliederung des Projektes, Erstellen des Projektstrukturplans
- Personelle Besetzung des Projektteams
- Zuordnen der Aufgaben und Zuständigkeiten
- Ermittlung der erforderlichen Ressourcen z. B. hinsichtlich Know-how, Aufwendungen und Kosten
- Projektlogistik
- Bildung und Betreuung von Subprojekten
- Konzeption und Verfolgung flankierender Maßnahmen

C Ablauforganisation
- Festlegen und Abgrenzen der Projektphasen, der aufeinander folgenden und parallelen Teilaufgaben und Planungsschritte
- Terminisieren der Planungsschritte und Überwachung der Termine
- Disposition der Ressourcen, Kapazitätssicherung und -steuerung
- Budgetierung
- Gestalten der Arbeitsorganisation und des Informationssystems, der Koordinierung und Anweisungen, des Vorschlagswesens und der Dokumentationen, Regelung des Genehmigungsverfahrens etc.
- Vorbereiten und Koordination der Entscheidungsprozesse, notwendiger Zwischenentscheidungen und Einholen von Genehmigungen
- Prüfen und Präsentieren der Ergebnisse (inkl. Ergebnissicherung)

2.3.3 Wissensgebiete des Projektmanagements

Folgende Übersicht (Abb. 5) der Wissensgebiete des Projektmanagements steckt den Rahmen des Projektmanagements als Managementsystem ab. Sie macht darüber hinaus auch deutlich, welches Spektrum an verschiedenen Managementdisziplinen in den Projektmanagementansatz derzeit einfließt.

Man kann dieses Bild auch auf das Management sog. Programme oder Teilprojekte übertragen. Unter Programm wird im Projektmanagementkontext üblicherweise eine Gruppe von Projekten verstanden, die durch eine Art über-

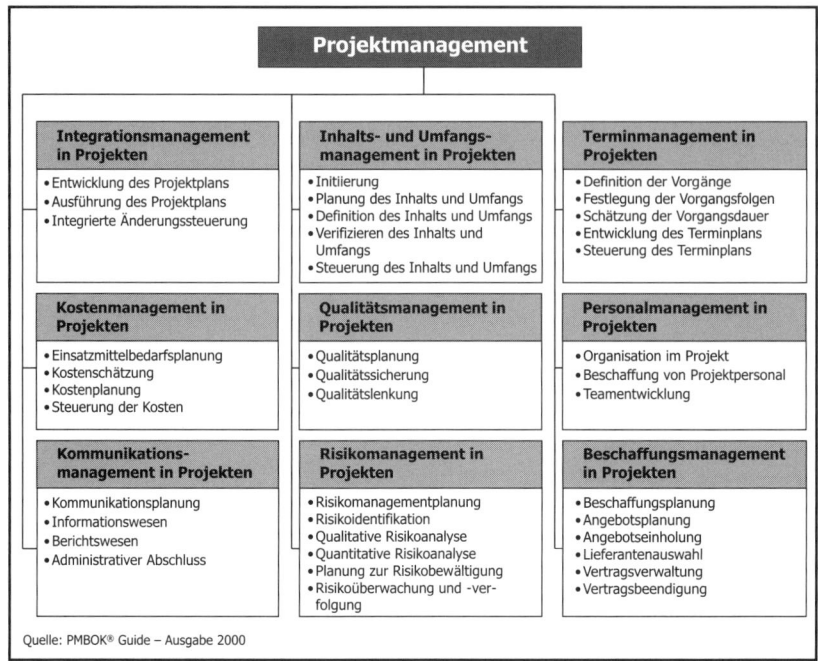

Abb. 5: Überblick über die Wissensgebiete des Projektmanagements und der Projektmanagementprozesse

geordnetes Management (z. B. Multi-Projektmanagement, Projekt-Portfolio-Management, Programmmanagement) koordiniert wird.

Teilprojekte sind Untergliederungen von Projekten, die aufgrund ihrer Komplexität oder ihres Umfanges wie eigene Projekte behandelt werden. Man sieht an dieser Gliederungsform recht gut den selbstähnlichen Charakter vieler Strukturierungselemente des Projektmanagements (vgl. 7.1.3 Fraktalisierung).

2.3.4 Positionierung des PM im Kontext anderer Managementsysteme

Abschließend soll nun noch die Verortung des Projektmanagements innerhalb der Population anderer Managementsysteme dargestellt werden, die im Rahmen der Entwicklung und Produktion von Innovation Anwendung finden.

Innovationsmanagement beschäftigt sich mit der Entwicklung der wirtschaftlichen Nutzung von Neuerungen, von der Idee bis zur Markteinführung und geht in der Regel projektorientiert vor.

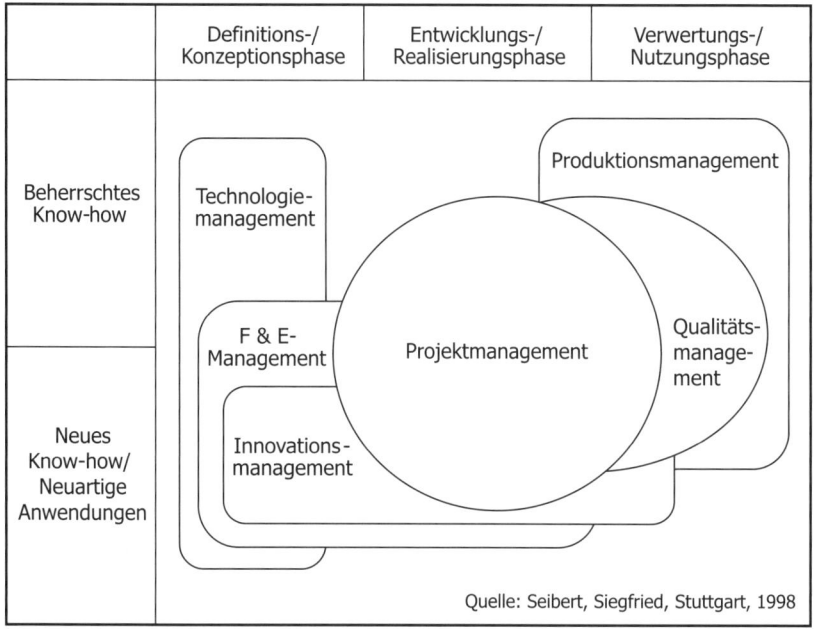

Abb. 6: Teilbereiche des technischen Managements

F+E(Forschung+Entwicklung)*-Management* ist eher auf die technischen Entdeckungs- und Realisierungsaspekte von Innovationen fokussiert. Es ist häufig integraler Bestandteil des Innovationsmanagements.

Das strategisch orientierte *Technologiemanagement* konzentriert sich auf den Aufbau und Einsatz neuer Technologien sowie auf den Erwerb und die Verwertung technologischen Know-hows.

Qualitätsmanagement umfasst die strategische wie operative Qualitätspolitik. Es setzt im gegenständlichen Fall bereits während der Entwicklung ein und begleitet das Produkt bis zum Ende der Verwertungs- und Nutzungsphase.

Produktionsmanagement ist das Management des eigentlichen Produktionsbereiches.

Das Projektmanagement ist der zentrale Teil dieses Managementspektrums und stellt im Grunde die Basis für alle Managementprozesse im Rahmen des Wertschöpfungsprozesses von Innovationen dar (Seibert, 1998; Horsch, 2003; Hauschildt, 1997).

2.4 Zusammenfassung

1. Projektentwicklung und Projektmanagement sind als Phänomene der Moderne historisch aus Produktionsformen des Handwerks und der sog. Projektemacherei des 16. Jahrhunderts entstanden.

2. Projekte unterscheiden sich von bloßen Plänen oder utopischen Entwürfen seit jeher durch die Darstellung ihrer Umsetzbarkeit und die Überprüfbarkeit ihrer Prämissen.

3. Projektemachen als Entwicklung und Produktion des Neuen ist zwischen dem Erfinden und Vermarkten angesiedelt.

4. Projektemachen stand und steht im Zeichen der Erweiterung von Möglichkeiten im Rahmen vernünftigen Vorgehens – von AkteurInnen, die regelgeleitet und gleichzeitig frei, also urteils- und verantwortungsfähig handeln.

5. Modernes Projektmanagement entsteht in den 1940er Jahren im Wettrennen um kriegsentscheidende Innovationen, da sich angesichts der hochkomplexen, komplizierten und zeitkritischen Aufgabenstellungen herkömmliche Organisationsformen als unbrauchbar erweisen.

6. Im Rahmen der Raumfahrtindustrie werden schließlich erste Rahmenregelwerke für die effiziente Abwicklung von Projekten entworfen.

7. Ausgehend von der erfolgreichen Nutzung durch amerikanische Industrieunternehmen gelangt die Projektmanagementphilosophie auch nach Europa. Zentrale Bestandteile sind zunächst Projekthandbücher, sog. Pflichtenhefte, und die Netzplantechnik.

8. Die Entwicklung zum durchgängigen Managementsystem wird durch die Einführung von Standards und die Projektmanagementkanonisierung vorangetrieben. Bereits seit 1987 liegt z. B. „The Project Management Body of Knowledge" des US-amerikanischen Project Management Institutes (PMI) vor, das zumindest im angelsächsischen Sprachraum das anerkannte Standarddokument darstellt. Im deutschsprachigen Raum bemüht sich die Gesellschaft für Projektmanagement (GPM) durch die Einführung eines Projektmanagementkanons um eine ähnliche Standardisierung.

9. Im Kontext anderer Managementsysteme, die im Rahmen der Entwicklung und Produktion des Neuen Anwendung finden (z. B. Innovationsmanagement, Technologiemanagement, Forschungs- und Entwicklungsmanagement etc.) nimmt Projektmanagement eine zentrale Stellung ein.

3 Projekte und Projektmanagement im Kontext organisationstheoretischer Perspektiven

3.1 Projekte als Erkenntnisobjekt

Die DIN 69901 definiert Projekt als „Vorhaben, das im Wesentlichen durch die Einmaligkeit der Bedingungen in ihrer Gesamtheit gekennzeichnet ist", z. B.:

– Zielvorgabe

– zeitliche, finanzielle, personelle u. a. Begrenzungen

– Abgrenzung gegenüber anderen Vorhaben

– projektspezifische Organisation

Diese Definition wird im Grunde von fast allen AutorInnen von Projektmanagementbüchern mit unterschiedlichen Ergänzungen übernommen und kann somit als Standard gelten. Häufig werden als weitere Merkmale Komplexität, Neuartigkeit (Dülfer, 1982), Interdisziplinarität, Außergewöhnlichkeit (Madauss, 1991, in: Schelle, 2005) oder strategische Bedeutung (Patzak/Rattay, 2004; Gareis, 2004) genannt. Das Project Management Institute of America definiert Projekt ähnlich als: „a temporary endeaver undertaken to create a unique product or service" (PMBOK 2000). Damit wird ebenfalls auf das Management der Produktion von Unikaten und Innovationen verwiesen.

Für die europäische Diskussion von besonderer Bedeutung ist vor allem die Sichtweise Schelles (2005), einer der renommiertesten Projektmanagementwissenschafter und Mitbegründer der GPM (Gesellschaft für Projektmanagement in Deutschland). Für ihn ist das Projekt als Erkenntnisobjekt nicht ein spezieller Betriebstyp (oder Unternehmenstyp), sondern eine spezifische Art der Leistungserstellung – mit Projektcharakter. Er sieht Projektmanagement folgerichtig als Management vor allem betrieblicher Leistungserstellung allgemein angesiedelt und nicht als Management einer eigenständigen unternehmerischen Einheit.

Unter dieser Perspektive ist die Systemgrenze des Projektmanagements nicht das Projekt, sondern das gesamte Unternehmen (oder der Betrieb). Betrachtet man hingegen Projekte als eigene (temporäre) Einheit, wird die Unternehmung selbst Teil der Umwelt von Projekten. Unter dieser Sichtweise ergeben sich völlig andere theoretische und praktische Fragestellungen. Im ersten Fall bleibt das Projekt ein Teil der (geschlossenen) betrieblichen Wertschöpfungskette, im zweiten Fall hingegen wird es zu einer eigenen, quasi „autonomen", Leistungskette und damit zu einem „Betrieb auf Zeit". Es ist dann nicht mehr „innerhalb" des Unternehmens angesiedelt (auch wenn es formal ein „Binnenprojekt" ist), sondern wird zum Auftragnehmer einer Problemlösung mit dem Betrieb als Kunden. Aus Schelles Blickwinkel lassen sich nur äußerst schwer jene essentiellen Differenzierungen argumentieren, die Projektmanagement vom klassischen Management unterscheiden sollen.

Die Betrachtung des Projektes als eigene „unternehmerische Einheit" (auf Zeit) entfaltet eine gänzlich andere Systemlogik – in diesem Fall wird nämlich eine Unternehmung (auf Zeit) in die Unternehmung (in Permanenz) eingeführt (dazu Näheres im Abschnitt 5 „Projekte als temporäre Unternehmen"). In einem konsequent projektbasierten Unternehmen löst sich somit der zentrale Leistungserbringungsprozess in verschiedene, limitierte Leistungsprozesse auf, die in sich „geschlossene" und weitgehend selbständig agierende Projektorganisationen bilden (z. B. in der Bau-, Software- oder Filmindustrie). Die Unternehmung wird in diesem Fall zu einer Art Produktionsgemeinschaft „selbständiger" AkteurInnen, in der unter einem gemeinsamen Statut temporäre Leistungsprozesse in Form von Projekten organisiert werden. Daraus leiten sich dann auch spezifische Struktur- und Gestaltungsansätze ab, die nur unter dem Blickwinkel des Projekts als „unternehmerische Einheit" Sinn ergeben.

Projekte werden deshalb im weiteren Verlauf der Analyse als selbständige organisatorische Einheiten für die Produktion des Neuen betrachtet und untersucht.

3.2 Projektmanagement als Erkenntnisobjekt

Die allermeisten Bücher zum Projektmanagement (allein im deutschsprachigen Bereich mittlerweile fast 300 lieferbare Titel) sind von PraktikerInnen für PraktikerInnen geschrieben und haben den Charakter von „Kochbüchern". Anleitungen, Checklisten, Toolkits für Methoden und Instrumente beherrschen das inhaltliche Spektrum. Im Laufe der Jahre haben sich etliche Spezialisierungen des Projektmanagements, insbesondere in den Bereichen wie Bauwirtschaft, E-Business oder Software Engineering etc. auch in Buchform niedergeschlagen.

Interessanterweise zeigt auch die klassische Betriebswirtschaftslehre kein übertriebenes Forschungsinteresse an Projektmanagement, obwohl an vielen Hochschulen und Bildungseinrichtungen immer zahlreichere Lehrangebote entstehen. Schelle (2005) sieht als Indiz dafür die geringe Zahl an akademischen Einrichtungen, die sich mit Projektmanagement auseinander setzen. In den deutschsprachigen Standardlehrbüchern der Betriebswirtschaftslehre sind entsprechende Ausführungen erst seit Anfang der 1990er zu finden – meist kursorisch und ohne theoretische Tiefe.

Die starke Verbreitung unterschiedlicher Standards und begrifflicher Deutungen veranlasste in den 1990er Jahren das Deutsche Institut für Normung (DIN) zu einer vereinheitlichten Formulierung wesentlicher Begriffe der Projektwirtschaft (DIN 1989). Darin wird Projektmanagement als „die Gesamtheit von Führungsaufgaben, -organisation, -techniken und -mitteln für die Abwicklung eines Projektes" bezeichnet (DIN 69901). Diese Definition wird zu Recht kritisiert (Schelle, 2005), weil damit implizit zu sehr auf den klassischen Führungsbegriff der Betriebswirtschaftslehre zurückgegriffen wird, der vielfach mit hierarchischer Strukturierung verknüpft ist.

Im Entwicklungszusammenhang kann Management nicht im Sinne der Steuerung trivialer (eindeutiger) Prozesse in hierarchischen Ordnungen verstanden werden, sondern es muss gerade den Umgang mit Unvorhersehbarem (Unsicherheit) bewältigen können. Es geht um dieses ständige Wechselspiel von Entwerfen, Herstellen, Verwerfen, Umformen etc. Das bedeutet u. a. Experimentieren, Betreten unbekannten Terrains bei gleichzeitiger Sicherung und Verarbeitung brauchbarer Ergebnisse. Management, das beides vereint – das also gleichzeitiges Gestalten und Koordinieren von Entwurfs- und Verwirklichungsprozessen umfasst –, heißt folgerichtig Projektmanagement (Nausner, 2000).

Der Begriff Management taucht im angloamerikanischen Sprachraum erstmals 1886 auf. Der Ingenieur Henry R. Towne bezeichnet „Management" und insbesondere „management of works" als eine der modernen Künste. Die Herkunft des Managementbegriffes aus dem Bereich der Ingenieurwissenschaften ist wohl ein Indiz dafür, dass viele Managementansätze (und nicht zuletzt auch Projektmanagement) zunächst sehr technik- und methodenlastig sind und sich erst relativ spät durch human- und organisationswissenschaftliche Erkenntnisse inspirieren ließen (Macharzina, 2003).

Diese ersten Konzepte werden unter dem Begriff Scientific-Management zusammengefasst und beruhen vor allem auf Arbeiten des Ingenieurs Frederick Winslow Taylors.

Eine „moderne" Managementperspektive bringen die als „Prozessansatz" bezeichneten Arbeiten Henri Fayols ins Spiel. Er stellt erstmals die Gestaltung des Gesamtsystems Unternehmen und insbesondere den Führungsaspekt systematisch ins Blickfeld der Managementtheorie.

Es würde an dieser Stelle zu weit führen, das gesamte Spektrum dieser Theorien der Unternehmensführung auszuloten (zu denen übrigens auch Max Webers Bürokratiemodell gehört). Wesentlich erscheint im gegenständlichen Falle vor allem die ursprüngliche Nähe des Managementbegriffes zur Technik-

42

und Ingenieurwissenschaft, weil dadurch unter Umständen erklärbar wird, warum vor allem AkteurInnen aus kreativen Arbeitsfeldern, wie z. B. der Filmindustrie, diesen Ansätzen mitunter Misstrauen oder Unverständnis entgegenbringen. Wie weit gestreut die Begriffsdefinitionen von Management sind, stellt Wolf (2005) mit Bezug auf Macharzina (2003) dar:

- prévoir, organiser, commander, coordoner et contrôller (Fayol, 1916),
- the organ of society specifically charged with making resources productive by planning, motivating and regulating the activities of persons, towards the effective and economical accomplishment of a given task (Drucker, 1954),
- the art of working through other people (Owen, 1958)
- eine komplexe Aufgabe: Es müssen Analysen durchgeführt, Entscheidungen getroffen, Bewertungen vorgenommen und Kotrollen ausgeübt werden (Ansoff, 1966)
- die schöpferischste aller Künste, denn sein Medium ist das menschliche Talent selbst (McNamara, 1968)
- die Verarbeitung von Informationen und ihre Verwendung zur zielorientierten Steuerung von Menschen und Prozessen (Wild, 1971)
- two very basic functions: decision making and influence (Anthony, 1981)
- the creation, adaption and coping with change (Leontiades, 1982)
- the process of planning, organizing, leading and controlling the efforts of organizational members and the use of other organizational resources in order to achieve stated organizational goals (Stoner, 1982) sowie
- ein System von Steuerungsaufgaben, die bei der Leistungserstellung und -sicherung in arbeitteiligen Systemen erbracht werden müssen (Steinmann/Schreyögg, 2000)

Quelle: Wolf, Joachim, Wiesbaden, 2005

Abb. 7: Begriffsdefinitionen von Management

Nicht weniger bunt ist das definitorische Spektrum des Begriffes Projektmanagement. Neben der bereits zitierten Formulierung der DIN-Norm finden sich u. a.:

- Projektmanagement als „Anwendung von Wissen, Fähigkeiten, Werkzeugen und Verfahren auf Projektvorgänge, um die Projektanforderungen zu erfüllen. Das Projektmanagement wird durch Anwendung von Prozessen wie Initiierung, Planung, Durchführung, Steuern und Abschluss umgesetzt." (PMBOK 2000, 2003:6)
- „Geschäftsprozess projektorientierter Organisationen, der die Teilprozesse Projektstart, laufende Projektkoordination, Projektcontrolling und Projektabschluss beinhaltet. Der Projektmanagementprozess ist von inhaltlichen Geschäftsprozessen zur Erfüllung von Projektleistungen zu unterscheiden." (Gareis, 2004:60)
- „Projektmanagement umfasst Führungsaufgaben, -methoden und -hilfsmittel zur Abwicklung einmaliger Projekte, wie sie für Forschungs-,

Entwicklungs- und Investitionsvorhaben typisch sind." (Seibert, 1998:25)

– „Projektmanagement wird hier nicht als eine mehr oder minder sinnvoll ausgewählte Sammlung von Methoden aufgefasst, sondern als eine spezifische Erscheinungsform von Management, die in Zukunft noch weiter an Bedeutung gewinnen wird, universell anwendbar ist und den Paradigmen der Wirtschaft und der Gesellschaft von heute in hohem Maße entspricht." (Patzak/Rattay, 2004:29)

Dies ist nur ein sehr kleiner Ausschnitt aus der Fülle an Begriffsdefinitionen und soll lediglich zeigen, wie schwer es offenbar fällt, ein konzises Bild des Projektmanagements zu entwerfen.

Deshalb wird im Rahmen dieses Buches Projektmanagement unter dem Blickwinkel der Gestaltung und Steuerung temporärer Organisationen zur Produktion von Innovationen und Unikaten definiert und rekonstruiert.

3.3 Die Standardperspektive

Die akademische Auseinandersetzung mit Projektmanagement beginnt anlässlich der Entwicklung von U-Booten der Polarisklasse in den frühen 1960er Jahren. Dabei werden in erster Linie Techniken und Methoden der Planung und Kontrolle untersucht, die vornehmlich von BeraterInnen und IngenieurInnen entwickelt wurden. Es geht im Wesentlichen darum, Vorgehensweisen und Prinzipien für Planung, Organisation und Kontrolle der Projektarbeit zu entdecken und zu erklären (Thomas, 2000). Der Problemhintergrund ist die Suche nach Vorgehensmodellen im Entwicklungskontext, um neue Technologien, Produkte etc. termingerecht, ohne Kostenüberschreitung, mit entsprechender Qualität und voller Funktionalität gezielt herzustellen. Aus den frühen Forschungen entwickelt sich sehr bald die klassische, in ihren Grundzügen bis heute gültige Standardperspektive des Projektmanagements (Kerzner, 1994, 2003). Sie beschreibt den Prozess der Planung, des Organisierens, der Führung und Kontrolle innerhalb eines begrenzten Zeitraumes unter Einhaltung von Zielen und Berücksichtigung bestimmter Spezifikationen.

Zentrale Elemente der Standardperspektive sind der Stage-Gate-Prozess (Phasenplanung), Work-Breakdown-Structure (Projektstrukturplanung), Termin- und Ablaufplanung sowie Soll-/Ist-Vergleiche.

Projektplanung als systematische, gedankliche Vorwegnahme zukünftiger, angestrebter Vorhaben und Ereignisse spielt die wohl größte Rolle in der Projektmanagement-Standardperspektive (Seibert, 1998). Insbesondere die Netzplanung ist vor allem innerhalb der technikorientierten Projektmanagementansätze nach wie vor das methodische Herzstück.

Aus organisationstheoretischer Sicht kann man die Standardperspektive dem Theoriekanon der administrativen Verwaltungsführung zuordnen, in dem Organisation, Management und Unternehmensführung unter dem Blickwinkel von Regelhaftigkeit und Präzision entfaltet wird (Scientific-Management). Die wichtigsten Vertreter dieser Theorierichtung sind, wie bereits erwähnt Weber, Taylor und Fayol (Kieser, 2001; Wolf, 2005). Es sind dies durchwegs sog. pragmatische Zugänge, deren Erfolg u. a. darin begründet sein dürfte, dass sie unmittelbar gestaltungsbezogene Aussagen bereithalten.

Die meisten VertreterInnen der Standardperspektive, PraktikerInnen wie ForscherInnen, suggerieren, dass eine möglichst präzise Handhabung des Projektmanagementsystems letztlich zu größeren Erfolgen führt. Klassische Konflikte, wie z. B. im Zusammenspiel zwischen Projekt- und Linienorganisation werden unter dieser Perspektive als dysfunktional, d. h. als Fehler behandelt (Archibald, 1992). Das ist umso erstaunlicher, da die – der Projektmanagementplanungstechnik fundamental zugrunde liegende – Zerlegung von Prozessen in Arbeitspakete und Phasen mit dazwischen positionierten Entscheidungsereignissen Krisen und Konflikte jeder Art erzeugt. Das dürfte kein Zufall sein – immerhin vertreten eine Reihe von ForscherInnen (z. B. Butler, 1973; Hill, 1983) die Meinung, dass dosierte Konflikte sogar Kreativität und Innovationsentwicklung fördern können.

Forschungsergebnisse, die diese Perspektive kritisch hinterfragen, zeigen neben nach wie vor dramatisch hohen Misserfolgsraten – Pinto (1999) berichtet von bis zu 95 % in den untersuchten Segmenten (Lundin/Hartman, 2000) – auch konkrete Problemfaktoren auf (Thomas, 2000):
– Pläne sind oft nicht einzuhalten
– Viele Prozeduren dienen eher der Legitimation und weniger der Umsetzung
– Neue und komplizierte Planungstools werden selten von PraktikerInnen benutzt
– Allzu präzise Pläne sind nicht immer taugliche Managementtools
– Die meisten ProjektmanagerInnen verwenden in der Praxis nur die basalen Instrumente und Methoden
Die Reaktion der meisten AnhängerInnen der Standardperspektive auf diese Befunde ist einigermaßen verblüffend: Es werden immer mehr und immer komplexere Methoden und Instrumente aus verschiedensten Fachrichtungen in den Projektmanagementkanon eingebaut.

3.4 Die Kontingenzperspektive

Die Kontingenzperspektive des Projektmanagements ist der Versuch einer Antwort auf die ungelösten Probleme des mechanistisch orientierten Standardmodells, das im Wesentlichen Misserfolge einer irrationalen Entscheidungsfindung oder/und einer ineffektiven Implementierung von Projektmanagement zuschreibt.

Das Kontingenzmodell geht von der Grundannahme aus, dass der entscheidende Projektmanagement-Mix an Methoden und Instrumenten situationsabhängig ist (Thomas, 2000; Schelle, 2005). Dies öffnet zunächst den Blick auf kritische Bedingungen verschiedener Projekttypen und hat zu einer Vielzahl unterschiedlicher Projekttypologien geführt, z. B. nach Inhalt, Auftragsverhältnis, Wiederholungsgrad, Branchen, Dauer, Standort etc. (Patzak/Rattay, 2004; Gareis, 2004). Andere Ansätze fokussieren den Grad an Komplexität oder richten sich nach der Art des gewünschten Projektergebnisses (Hartman, 1995).

Man identifiziert in der Folge nicht nur unterschiedliche Projektarten, sondern differenziert auch bei der praktischen Anwendung von Projektmanagementmethoden und Instrumenten. So entstehen seither ungezählte Abhandlungen, die differenzierte Vorgehensmodelle für unterschiedliche Projekttypen vorschlagen.

Unter der Kontingenzperspektive werden auch weniger formale Aspekte wichtig, wie z. B. die Rolle der MitarbeiterInnen im Projektgeschehen (Sizemore House, 1988; Heintel/Krainz, 1990). Die organisationstheoretischen Einflüsse auf die Kontingenzperspektive sind vielfältig.

So liefert etwa die Entscheidungstheorie in Form von Bewertungsverfahren (z. B. im Rahmen der Variantenauswahl etc.) einen wichtigen Beitrag zur Erweiterung des Methodensets. Auch die Teamtheorie, eine Variante der präskriptiven Entscheidungstheorie, steuert Erkenntnisse insbesondere zu Fragen der Informationsbeschaffung, Gruppenkommunikation und Handlungsregeln bei (Grochla, 1978).

Zentrale Beiträge für die Kontingenzperspektive stellt auch die Situationstheorie zur Verfügung. Sie präsentiert sich quasi als „konditionales Konzept" (Wolf, 2005), das je nach untersuchter Situation (oder Kontext) unterschiedliche Gestaltungsformen empfiehlt. Die Situationstheorie vollzieht somit eine Abkehr von den universalistischen Ansprüchen der klassischen Managementkonzepte. Die drei zentralen Fragestellungen der Situationstheorie lauten:

– Welche Kontextfaktoren bestimmen welche Gestaltungsformen?

– Wie können spezifische Gestaltungsformen von Organisationen operationalisiert werden?
– Inwieweit wirken sich unterschiedliche Gestaltungsformen auf den Erfolg des Unternehmens bzw. der Organisation aus?

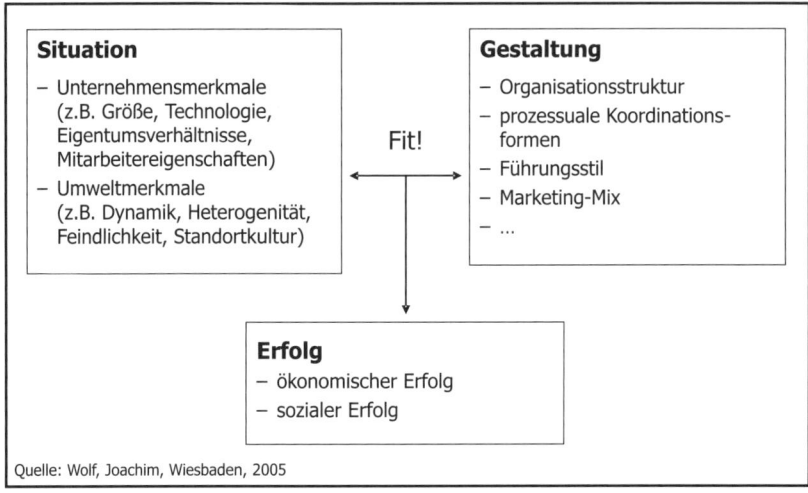

Situation
– Unternehmensmerkmale
 (z.B. Größe, Technologie,
 Eigentumsverhältnisse,
 Mitarbeitereigenschaften)
– Umweltmerkmale
 (z.b. Dynamik, Heterogenität,
 Feindlichkeit, Standortkultur)

Fit!

Gestaltung
– Organisationsstruktur
– prozessuale Koordinations-
 formen
– Führungsstil
– Marketing-Mix
– ...

Erfolg
– ökonomischer Erfolg
– sozialer Erfolg

Quelle: Wolf, Joachim, Wiesbaden, 2005

Abb. 8: Grundkonzeption der Situationstheorie

Mit Hilfe der Situationstheorie wird versucht, situatives Management zwischen Kontextdeterminismus (Situation) und Kontextbeeinflussung (Gestaltung) zu entfalten.
Die Situationstheorie übt auf die Kontingenzperspektive des Projektmanagements den wohl größten Einfluss aus und kann deshalb als deren wichtigster
Theoriebaustein bezeichnet werden. Ebenfalls wichtige Impulse für die Entwicklung der Kontingenzperspektive steuert die verhaltenswissenschaftliche
Organisationstheorie bei, die sich der Bewältigung begrenzt rationaler, sozial
geprägter und vielschichtiger Handlungsfolgen widmet. Der verhaltenswissenschaftliche Beitrag zum Projektmanagement findet z. B. bei Fragen des
Team- und Konfliktmanagements oder der Projektkultur (Patzak/Rattay, 2004)
seinen Niederschlag.
Einen weiteren interessanten Aspekt zeigt der Versuch, Projektmanagement
nicht nur als Organisationsform (z. B. temporäre Organisation), sondern als
Form des Organisierens zu interpretieren. Während der Organisationsansatz
auf Strukturen referenziert, fokussiert „Organisieren" die Beobachtung auf die
unmittelbare Aktion (Weick, 1995) und somit letztlich auf die individuellen

Perspektiven aller Beteiligten. Dahinter liegt die Frage, wie Menschen über die Interpretation und Reinterpretation von Ereignissen Wege zur Kooperation und Koproduktion generieren können (Weick, 1995; Axelrod, 1988).

Die Kontingenzperspektive hat viele unterschiedliche methodische Zugänge, Modellansätze und Sichtweisen in die Projektmanagementwelt eingeführt. Sie hinterlässt jedoch dabei den Eindruck, neben der fruchtbaren Vielfalt die Einheit des Erkenntnisobjekts „Projektmanagement" aus den Augen zu verlieren.

3.5 Die systemische Perspektive

Die systemische Perspektive wird in diesem Kapitel deutlich umfangreicher behandelt als die beiden bereits vorgestellten Perspektiven. Dies hat seinen Grund darin, dass die dahinter liegenden Theorieansätze die Auseinandersetzung mit Projektmanagement in jüngster Zeit nachhaltig prägen und in vielerlei Hinsicht zu gänzlich neuen Sichtweisen und Gestaltungsvorschlägen führen.

Eine wesentliche Grundannahme der systemischen Perspektive liegt in der Auffassung, dass Wirklichkeit von Individuen (als BeobachterInnen der Welt) selbst hergestellt bzw. konstruiert wird.

Organisationen und Unternehmen werden als Sozialsysteme verstanden, in denen Erkenntnis und Wissen nicht als Entdeckungen oder Abbildung von Realität gesehen wird, sondern als von dem System selbst erzeugte Vorstellungen. Dabei kommt dem Begriff Führung eine andere Funktion zu, da z. B. aus dieser Perspektive unternehmensinterne Prozesse mit der Unternehmensumwelt funktional gekoppelt werden, ohne dabei die operationale Geschlossenheit des betroffenen Systems aus dem Blickfeld zu verlieren. Prozesse innerhalb von Systemumwelten, die zuvor aus der Binnensicht der Organisation als kaum beeinflussbar galten, werden nun als Teil unternehmensinterner Vorgänge gesehen und damit dem Management zugänglich gemacht (Hejl/Stahl, 2000). Unternehmensführung wird zu einer Art Balanceakt zwischen Innen- und Außenwelt der Organisation, immer bemüht, neben der Entfaltung von systemimmanenten Turbulenzen auch Kontinuität und Sicherheit zu erzeugen.

Unter der systemischen Perspektive wird Management als Gestaltung komplexer, vielschichtiger Ganzheiten verstanden. Man kann darin die „Paradoxien des Entwickelns" erkennen, die im Projektmanagement als Wechselspiel von Entwerfen und Verwirklichen entfaltet werden.

Für die Entwicklung der systemischen Perspektive des Projektmanagements spielen vor allem der Konstruktivismus, die Systemtheorie, evolutionstheoretische Ansätze sowie Theorien der Selbstorganisation eine Rolle.

3.5.1 Konstruktivistische Ansätze

Aus konstruktivistischer Sicht „funktionieren" Organisationen nicht, weil sie eine zweckmäßige Struktur haben, sondern weil die Mitglieder in ihren Köpfen bestimmte Vorstellungen davon entwickeln (vgl. 2.1 Projektemacherei als Phänomen der Moderne). Organisationen sind so gesehen keine objektiven Entitäten, sondern kognitive Produkte der Beteiligten, die im Wesentlichen durch kommunikative Austauschprozesse – wie z. B. im Rahmen des Behauptens und Begründens – explizit gemacht werden (Brandom, 2004). Die Mitglieder entwickeln dadurch eine „generalisierte" Vorstellung von Organisationen, die durch Beobachtung und im kommunikativen Austausch mit anderen Mitgliedern evaluiert werden (Blumer, 1981, in: Kieser, 2001).

Das heißt z. B. im Sinne Alfred Schütz's (1971), dass Individuen zwar eine soziale Realität kreieren, gleichzeitig aber durch bereits existierende soziale und kulturelle Kontexte eingeschränkt werden. Sie sind davon beeinflusst, doch trotzdem fähig, ihre Lage zu interpretieren und zu ändern.

Unter konstruktivistischer Sicht ist die Entwicklung neuer organisatorischer Lösungen grundsätzlich kommunikativ möglich, wobei es nicht um die Erfassung objektiver Tatbestände geht sondern um das Verstehen der Organisation im Rahmen der Entwicklung gemeinsamer Vorstellungen (Kieser, 2001). Diese Konzeption stellt u. a. die Projektkommunikation nach innen und außen als konstitutiv für den Erhalt der Einheit des Systems dar.

3.5.2 Systemtheoretische Ansätze

Auch die Systemtheorie rekurriert auf das Prinzip der Konstruktion der Wirklichkeit durch die Beobachtenden, allerdings wird dieses Konzept in gewisser Weise radikalisiert.

Lebende Systeme, so wird im Rückgriff auf biologische Systeme konstatiert, agieren selbstreferenziell und sind gegenüber ihrer Umwelt operativ geschlossen. Durch kommunikative Kopplung gelingt es, das eigene Spektrum möglicher Konstruktionen zu erweitern oder zu verändern.

Operative Geschlossenheit meint den Umstand, dass lebende Systeme sich nur mittels interner Operationen reproduzieren können. Der Biologe Humberto Maturana (1972) hat dafür das Konzept der Autopoiesis entwickelt.

Lebende Systeme sind darin durch die Fähigkeit charakterisiert, dass sie die Elemente, aus denen sie bestehen, selbst produzieren und reproduzieren und dadurch ihre Einheit bewahren (Baraldi et al., 1997). In der Theorie sozialer Systeme (Luhmann, 1985) wird diese Konzeption dahingehend erweitert, dass von einem autopoietischen System immer dann gesprochen werden kann, wenn es möglich ist, eine spezifische Operationsweise zu erkennen, die nur in diesem System stattfindet. Soziale Systeme bewältigen Selbstreproduktion auf der Basis eigener Elemente – aus Sicht Luhmanns durch rekursive Kommunikation. Selbst Paradoxien werden in diesem Rahmen zur Erklärung organisationaler Phänomene nutzbar. Sie dienen nämlich ebenfalls der Autopoiesis von Organisationen und Unternehmen.

Ein wesentlicher Ertrag systemtheoretischer Überlegungen ist die Formel von der „Interpretationsbedürftigkeit organisatorischer Regeln" – ein elementarer Beitrag zur Reorganisationsfähigkeit von Unternehmen und Organisationen. Organisationsstrukturen sind somit sozialer und nicht technischer Natur. Das heißt, man muss zu ihrer Änderung Kommunikationen in Gang setzen und diese Kommunikationen durch Fremdreferenz rekursiv soweit anreichern, dass sie nicht wieder auf gewohnte Interpretationsschemata zurückgreifen. Eine Veränderung von externen Austauschbeziehungen macht so normalerweise auch eine Veränderung der internen Prozesse notwendig.

Aus systemtheoretischer Sicht kommt auch der Regelung (anhand von Soll-/ Ist-Vergleichen), im Gegensatz zur Steuerung als Anpassungsform, eine größere Bedeutung zu. Insbesondere in komplexen, unsicheren Zusammenhängen ist mit der Regelung als Anpassungskonzept durch interaktive, zielannähernde und rekursive Prozesse eine wesentlich innovativere und flexiblere Problemlösungsform gegeben (Wolf, 2005). Die Systemtheorie stellt in ihren unterschiedlichen Ausprägungen den zentralen Theoriebaustein der systemischen Perspektive dar und rückt u. a. so wichtige Konzepte wie Stakeholder-Analyse sowie iterative Planungs- und Koordinationsformen etc. ins Blickfeld des Projektmanagements.

Essentiell aber ist vor allem die Veränderung der theoretischen Sichtweise des Projekts als operatives System – mit all den aus dieser Erkenntnis resultierenden Konsequenzen. Für das weitere Verständnis dieses Buches bilden diese Ansätze einen geradezu unerlässlichen theoretischen Bezugsrahmen.

3.5.3 Evolutionstheoretische Ansätze

Einen wegen ihrer „Metaperspektive" ebenfalls sehr inspirierenden Erkenntnis- und Erklärungsweg beschreiten die Ansätze der Evolutionstheorie. Insbesondere unter dem Aspekt, Projekte als Produktionsform von Innovationen und Unikaten zu begreifen, steuert die Evolutionstheorie äußerst nützliche Überlegungen bei. Die Nachfrage nach Innovation impliziert auch die Notwendigkeit des Wandels in allen gesellschaftlichen Bereichen. Die sich daraus ergebenden Änderungsprozesse werden im Allgemeinen auf gezieltes Handeln von GestalterInnen zurückgeführt. Die Intentionen der GestalterInnen werden also geplant, umgesetzt und damit eine erfolgreiche Problemlösung erreicht. Die VertreterInnen der evolutionstheoretischen Ansätze sehen in den Ergebnissen dieser Problemlösungen zunächst nur Varianten, die erst eine Selektion durch die Umwelt zum eigentlichen Erfolg führt. Das heißt, nicht die GestalterInnen sondern die Auslese durch die „Umwelt" entscheidet letztlich darüber, was von Nutzen ist und z. B. als Innovation überlebt (Kieser, 2001). Damit ist übrigens bereits ein zentrales Problem des Projektmanagements beschrieben, nämlich unter komplexen Bedingungen Varianten von Problemlösungen zu erzeugen, die dann von AuftraggeberInnen oder NutzerInnen (nach diversen Tests) im besten Fall als Innovation selektiert werden.

Dieser Fremdselektion stehen im Entwicklungsprozess meist viele Selbstselektionen verschiedenster Alternativen gegenüber, sodass man Projektmanagement durchaus als Management von umweltgeduldeten Versuchs-/Irrtumsprozessen begreifen kann.

Die auf wirtschaftliche Phänomene ausgerichtete Evolutionstheorie baut auf folgende Grundgedanken auf (Wolf, 2005; Kieser, 2001):

Organisationale Entwicklungsmuster gleichen in vielerlei Hinsicht den biologischen; d. h. auch in wirtschaftswissenschaftlichem Kontext wird zwischen einem Genotypus und einem Phänotypus der Organisation unterschieden. Der Genotypus (z. B. in Form von Planungsergebnissen, Strategien, Regelwerken, Leitbildern, Prozessanleitungen, Organigrammen, Budgets etc.) stellt quasi den Bauplan und damit die Entwicklungsbasis dar, während sich der Phänotypus in konkreten Aktionen äußert. Die Phänotypen präsentieren sich so als komplexe Entsprechungen des Genotypus, die durch Umwelteinflüsse variieren können. Interessant für die organisationswissenschaftliche Perspektive ist nun die dadurch erzeugte natürliche Variation des Genotypus von Organisationen.

Veränderungsprozesse werden als Zyklen von Variations-, Selektions- und Retentionsprozessen verstanden.

Die dabei herrschende Zufälligkeit von *Variationsprozessen* garantiert, dass ein hinreichend breit gefächertes Auswahlspektrum für den evolutionären Prozess bereitsteht. Auf der Problemlösungsebene werden Innovationen selektiert, und auf der Systemebene entstehen Lernprozesse.

Variationen kann man als Vorschläge der Organisation an die Umwelt betrachten, die dann von dieser selektiert werden. Der Nützlichkeitsprüfung werden Phänotypen unterzogen, nicht die zugrunde liegenden Genotypen. Werden keine Phänotypen mehr selektiert, verschwinden die Genotypen und damit diese Art der Organisation.

Unter *Retention* wird die Erhaltung bzw. Ausbreitung des „bewährten" Erbgutes im „Genpool" von Organisationen verstanden. Es werden dabei jene Phänomene kommuniziert und weiterverarbeitet, die sich im jeweiligen Kontext der Produktion von Phänotypen als erfolgreich erwiesen haben.

Es würde an dieser Stelle zu weit führen, näher auf die konkreten Ansätze der Populationsökologie oder der evolutorischen Ökonomik einzugehen. Stattdessen soll anhand der vorgestellten Erkenntnisse abschließend versucht werden, Projekte als wesentliche Elemente von organisationalen Evolutionsprozessen darzustellen.

Zunächst einmal kann man Projekte als genuine Organisation von umweltgeduldeten Versuchs- und Irrtumsprozessen beschreiben, die ihre eigene Selektionslogik (z. B. Entscheidungszeitpunkte, Variantenbildung etc.) mitproduzieren. Sie können auf diese Weise sowohl zur Evolution von Organisationspopulationen (z. B. Branchen oder Netzwerke) als auch zur Evolution einzelner Unternehmen oder Organisationen beitragen.

Projekte sind sozusagen experimentelle temporäre Produktionsformen von organisationaler Variation – und zwar von Genotypen sowie von Phänotypen. Durch die Entwicklung neuer Kompetenzen durch Ausprobieren werden Genotypen und Phänotypen innerhalb neuer Strukturformen verändert.

Innerhalb von Projektprozessen werden im Entwicklungsmodus auf Basis vorhandener Strukturelemente neue Formen entwickelt, die dann im Rahmen von Tests evaluiert und selektiert werden.

Aber auch auf Ebene der innerorganisatorischen Entwicklung können Projekte dazu genutzt werden, durch Produktion von Varianten der eigenen Strukturen und durch entsprechende Selektionen, mögliche Umwelteinflüsse quasi zu simulieren und damit experimentell weiterzuentwickeln. Dabei wird das Projekt zu einer Art „geklonter" prototypischer „Unternehmung", die Vorschläge bereitstellt, welche dann als Beitrag zur autogenetischen Evolution selektierbar sind.

Da bei einer derartigen Selbstreplikation verschiedene genetische Merkmale mit den eigenen kombiniert werden können, stellt dieser Vorgang eine Quelle der Variation dar.

Die Unternehmung repliziert sich z. B. im Projekt als Unternehmen temporär selbst und selektiert dann jene Geno- und Phänotypen, die sich für die eigene Weiterentwicklung als nützlich erweisen. So gelingt der paradoxe aber effiziente Akt, sich selbst zur eigenen Umwelt zu machen. (So als ob man das ei-

52

gene Spiegelbild projektiv entwickeln könnte und jene Merkmale in die eigene Erscheinung integrieren könnte, die bei Tests am besten ankommen.)

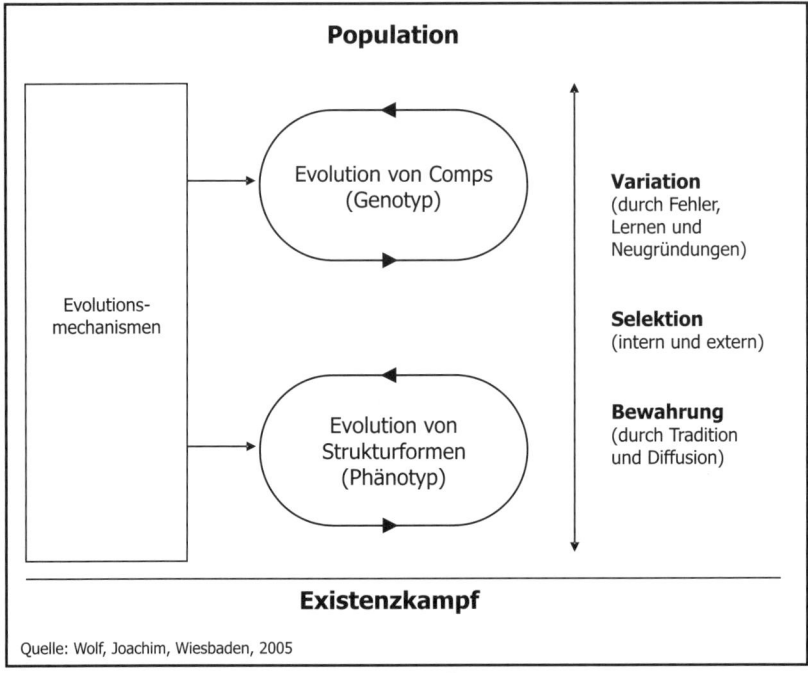

Quelle: Wolf, Joachim, Wiesbaden, 2005

Abb. 9: Der populationsökologische Ansatz im Überblick

Dieses Prinzip gilt auch für die autogenetische Evolution durch Entwicklung und Produktion von Innovationen. In diesem Fall dienen Projekte dazu, als temporäre „geklonte" Organisationen oder Unternehmen Vorschläge für äußere Umwelten zu entwickeln, ohne die „Stammorganisation" bei einem Scheitern dieser Bemühungen zur Selbstauflösung zu zwingen (vgl. Kapitel 4 „Projekte als temporäre Organisationen" und Kapitel 5 „Projekte als temporäre Unternehmen").

Populationsökologien wie Einzelorganisationen versetzen sich damit in die Lage, durch selbstbestimmte Schaffung eigener „Klons" in Form von Projekten, ihre Anpassungsfähigkeit zu erhöhen, ohne dabei „alles auf eine Karte" zu setzen.

3.5.4 Selbstorganisationstheoretische Ansätze

Um die bisher beschriebenen Sichtweisen zu konkretisieren und zu erweitern, werden an dieser Stelle abschließend Erkenntnisse der sog. Selbstorganisationstheorie, die sich u. a. mit Organisation, Management und Unternehmensführung in einer Welt ohne Hierarchien auseinander setzt (Wolf, 1997, 2005), präsentiert. Eine wesentliche Kernaussage der sozial- und wirtschaftswissenschaftlichen Ausprägung dieser Ansätze lautet, „dass sich eine Dezentralisation von Entscheidungsbefugnissen sowie eine Erhöhung der Eigenverantwortung nachgelagerter Unternehmenseinheiten ökonomisch vorteilhaft auswirken" (Macharzina, 2003:84). Das große Interesse an diesem Theorieansatz dürfte wohl daran liegen, dass vor allem aufgrund gesteigerter Umweltdynamiken und wachsender Komplexität unternehmerischer Aufgabenstellungen, vielschichtig hierarchisch gestufte Organisationen zunehmend ineffizient werden.

Die Selbstorganisationstheorie kann insofern alternative Modelle der Problemlösung bereitstellen, da sie sich mit der grundlegenden Frage beschäftigt, ob und in welchem Maße Systeme von außen gesteuert werden müssen (können). Außerdem wird gezeigt, dass soziale Systeme selbstregulatorische Potentiale haben, die sie zur eigenen Koordination effizient nutzen können.

Die zunächst im naturwissenschaftlichen Forschungskontext entwickelte Theorierichtung (Prigogine/Stengers, 1996; Haken, 1990; Eigen, 1971) beschäftigt sich mit dem Versuch, Entstehung und Beibehaltung komplexer Ordnungen zu erklären. Dabei wird die Fähigkeit zur Selbststeuerung natürlicher und technischer Systeme beschrieben, bei denen die Entwicklung im Zeitablauf nicht extern vorgegeben, sondern im System selbst betrieben wird.

Die sozial- und wirtschaftswissenschaftliche Selbstorganisationstheorie konzentriert sich bei ihren Forschungen auf die Untersuchung dynamischer Systeme. Auch dieser Theoriestrang stützt sich, ähnlich wie die Systemtheorie, auf Erkenntnisse des Konstruktivismus sowie auf Arbeiten von Maturana/Varela (1972) und Luhmann (1985).

Auch die Selbstorganisationstheorie geht davon aus, dass die Welt selbst konstruiert ist und dass Kommunikationsprozesse das wichtigste Merkmal sozialer Systeme sind. Desgleichen wird auch hier auf die Autopoiesiskonzeption (vgl. 3.5.2 Systemtheoretische Ansätze) und somit auf Selbstreferenzfähigkeiten sozialer Systeme verwiesen.

Von der Systemtheorie abweichend zeigen SelbstorganisationstheoretikerInnen u. a. die Phänomene der Aqui- und Multifinalität sozialer Systeme auf. *Aquifinalität* bedeutet, dass unterschiedliche Eingangsbedingungen oder Gestaltungsansätze zu gleichartigen Ergebnissen (Effekten) führen können, weil es keine „optimale", wahre Lösung gibt. *Multifinalität* beschreibt den umgekehrten Fall, dass nämlich gleichartige Eingangsbedingungen ungleiche Zielzustände hervorbringen. Das führt u. a. zu der Erkenntnis, dass das Ergebnis auch von den Bedingungen abhängt, unter denen einzelne Komponenten im System eingesetzt werden.

Sozialsysteme sind außerdem durch eine Redundanz von Potentialen und funktionalen Beziehungen gekennzeichnet. Sie neigen dazu, ihre Funktionsstrukturen zu duplizieren (Verwendung funktionaler Elemente, wie z. B. hierarchische Abstufungen auf verschiedenen Ebenen). Man könnte (oder besser sollte) an dieser Stelle allerdings genauer von Fraktalisierungstendenzen sprechen, d. h. von der Verwendung selbstähnlicher Strukturen zum inneren Aufbau des Systems. Innerhalb von Projekten ist dieser Aspekt besonders ausgeprägt (vgl. Kapitel 7 „Grundformen der Organisation und des Managements von Projekten").

Im Hinblick auf das Management komplexer Systeme und Aufgabenstellungen wird aus selbstorganisationstheoretischer Sicht auf die Überlegenheit stark ausdifferenzierter Gestaltungsformen verwiesen. Je ausdifferenzierter, also je mehr (selbstähnliche) Subsysteme entstehen, desto flexibler und effektiver kann auf Umweltanforderungen reagiert werden.

Darüber hinaus wird dargelegt, dass dezentrale Entscheidungsstrukturen einen höheren Anwendungsnutzen bei der Koordination sozialer Systeme stiften als zentralistische und hierarchische Gestaltungsalternativen, da kein Akteur/keine Akteurin das Spektrum aller relevanten Handlungsstränge überblicken kann. Empfohlen wird ein Mittelweg zwischen der zufallsgesteuerten, in kleinen Schritten (inkrementell) erfolgenden Anpassung und der durch direkte, zielgenaue Intervention (totale Planung) geprägten Kontextsteuerung (Willke, 1989; Wolf, 2005). Als essentiell werden diskursive Entscheidungsprozeduren bezeichnet.

Wie in den nächsten Abschnitten noch näher gezeigt wird, spielen die Erkenntnisse der Selbstorganisationstheorie für Erklärung und Gestaltung von Projekten und Projektmanagement eine bedeutende Rolle. Vor allem die Einrichtung dezentraler Entscheidungsprozeduren, die Verwendung selbstähnlicher Strukturen zum Systemaufbau und die erwähnte Kontextsteuerung stellen zentrale Elemente des modernen Projektmanagements dar.

3.6 Zusammenfassung

1. Im Kontext organisationstheoretischer Perspektiven werden Projekte als temporäre selbständige, organisatorische Einheiten für die Entwicklung und Produktion des Neuen definiert.

2. Projektmanagement als Erkenntnisobjekt ist durch die Gestaltung des Gesamtsystems aus Handlungen und Entscheidungen sowie durch die begleitende Steuerung innovativer Vorhaben bestimmt.

3. Die bis heute gültige Standardperspektive des Projektmanagements kann dem Theoriekanon der administrativen Verwaltungsführung zugeordnet werden, der Organisation und Unternehmensführung unter dem Blickwinkel von Regelhaftigkeit und Präzision entfaltet.

4. Die Kontingenzperspektive bereichert das Projektmanagement um vielfältige situationsabhängige Instrumente und Methoden und führt unterschiedliche Projekttypologien ein – mit differenzierten Vorgehensmodellen.

5. Eine besondere Rolle in der Entwicklung des Projektmanagementsystems spielt in jüngerer Zeit die sog. systemische Perspektive. Unter der systemischen Perspektive wird Management als Gestaltung komplexer und vielschichtiger Ganzheiten (Systeme) verstanden.

6. Projekte sind, systemisch gesehen, keine objektiven Entitäten, sondern kognitive Produkte von AkteurInnen, die kommunikativ vermittelt werden.

7. Projekte als soziale Systeme bewältigen Entwicklungen auf der Basis selbstähnlicher Elemente und durch rekursive Operationen.

8. Im Rahmen der evolutionstheoretischen Analyse sozialer Systeme werden Projekte als Organisation umweltgeduldeter Versuchs- und Irrtumsprozesse rekonstruiert, die ihrer eigenen Selektionslogik folgen (Variantenbildung).

9. Organisationen replizieren sich durch Projekte temporär selbst und selektieren dann jene Varianten, die sich für die eigene Weiterentwicklung als nützlich erweisen.

10. Die systemische Selbstorganisationstheorie macht sichtbar, dass bei komplexen Aufgabenstellungen hierarchisch gestufte Ordnungen ineffizient werden. Deshalb wird vorgeschlagen, im Rahmen von Projektarbeit auf selbstregulatorische Potentiale der Beteiligten zu setzen.

4 Projekte als temporäre Organisationen

4.1 Definitionen und Begriffe

Wenn man im Zusammenhang mit Projekten von Organisation spricht, tut sich eine Vielzahl definitorischer und theoriekritischer Probleme auf.

Das liegt zuallererst daran, dass die Organisationslehre Projekte nicht als eigenständigen Untersuchungsgegenstand sieht, sondern bestenfalls als Sonderfall bestehender Strukturmodelle (Hill/Fehlbau/Ulrich, 1994; Bea/Göbel, 1999; Schreyögg, 1998; Picot/Dietl/Franck, 2002; Vahs, 2005). Die einschlägige wirtschaftswissenschaftliche Forschung hat die temporäre Organisation bisher ebenfalls als isoliertes Randphänomen behandelt (Grabher/Ibert, 2004). Auch im Bereich der Unternehmensführung, wo Projekte als temporäre Organisation in vielen Branchen längst zum Alltäglichen gehören, scheinen Projektorganisation und Projektmanagement nur vereinzelt oder gar nicht auf (z. B. Macherzina, 2003; Wolf, 2005; Thommen/Achleitner, 2003). Um daher die nachfolgenden Darstellungen zum Begriff „Temporäre Organisation" besser einordnen zu können, soll kurz der allgemeine Organisationsbegriff rekonstruiert werden.

Zunächst auch hier: Eine eindeutige, breit gültige Definition des Organisationsbegriffes gibt es nicht, vielmehr werden unterschiedliche Perspektiven für unterschiedliche Zugänge zum Organisationsproblem gewählt. Es gilt zuallererst zwei grundsätzliche Sichtweisen in Hinblick auf Unternehmen und auf Projekte zu unterscheiden (Picot et al., 2002):

1. Die Unternehmung (das Projekt) hat eine Organisation

und

2. Die Unternehmung (das Projekt) ist eine Organisation

In der ersten Unterscheidung wird auf die Tätigkeiten im Rahmen der Steuerung von Aktivitäten in einem System abgestellt – die funktionale oder instrumentelle Perspektive. Die Organisation wird als Instrument der Führung begriffen, um die Zweckerfüllung sicherzustellen (Schreyögg, 1998). Neben Arbeitsteilung, Betriebsmittel und Werkstoffen (Gutenberg, 1983) tritt im Rahmen der Unternehmensführung die Organisation als vierter dispositiver Faktor auf. Organisation wird in diesem Zusammenhang auch als Gesamtheit der auf die Erreichung von Zwecken und Zielen gerichteten Maßnahmen verstanden, durch die ein System arbeitsteilig strukturiert wird (Hill/Fehlbaum/Ulrich, 1994). Daran schließt die Frage nach der Tätigkeit des Organisierens an.

Ein zentraler Aspekt ist dabei die möglichst dauerhafte Festlegung von Prozessen zur Aufgabenerfüllung (Macharzina, 2003). Organisation wird in Gegensatz zu Disposition und Improvisation gesetzt, beides Aspekte einer situativen und vorläufigen Ordnung.

Die zweite zentrale Unterscheidung führt einen institutionellen Organisationsbegriff ein. Dabei wird Organisation als Institution (System aus Regeln) aufgefasst, in dem z. B. eine abgrenzbare Gruppe von Personen ein auf Dauer angelegtes Ordnungssystem planvoll geschaffen hat (Bea/Göbel, 1999).

Die Regelungen umfassen z. B.: Aufgabenvertiefung, Koordination, Verfahren, Kompetenzabgrenzungen etc. (Schreyögg, 1998). Organisatorische Regelungen stellen also darauf ab, Entscheidungen und Handlungsweisen der Mitglieder vorhersehbar zu machen. Etwas allgemeiner kann man auch von einer Grammatik zur Reduktion von Mehrdeutigkeit sprechen, die ansonsten unabhängige Handlungen zu vernünftigen Folgen zusammenfügt (Weick, 1995). Diese Grammatik besteht im Wesentlichen aus Rezepten zur Gestaltung von Handlungsabfolgen, die eine Person alleine nicht tun kann, und aus Rezepten für die Interpretation dessen, was getan werden soll. Sie zielt auf die Herstellung eines tragfähigen Sicherheitsniveaus ab.

Damit soll der Handlungsspielraum der Mitglieder eingegrenzt und gleichzeitig die Vorhaben zielgerichtet und motiviert umgesetzt werden (Picot/Dietl/ Franck, 2002).

Schreyögg (1998) ortet drei Zentralelemente des institutionellen Organisationsbegriffes:

1. Zweckorientierung
2. Arbeitsteilung (Aktivitäten werden nach einem spezifischen Muster koordiniert. Damit werden entsprechende Erwartungen in Form von Rollen oder Stellenbeschreibungen verbunden.)
3. Beständigkeit (Die Grenzen zur Umwelt müssen aufrechterhalten werden.)

Kosiol (1976) führt aus institutioneller Sicht einen konfigurativen Organisationsbegriff ein, wenn er dabei die dauerhafte Strukturierung von Arbeitsprozessen in ein festes Gefüge (Konfiguration) anspricht, die allen Maßnahmen und Dispositionen vorgelagert sei.

Will man der Organisation begrifflich gerecht werden, müssen wohl beide Unterscheidungen, der funktional/instrumentelle und der institutionelle Organisationsbegriff gemeinsam Berücksichtigung finden – sowohl das zielgerichtete, ganzheitliche Gestalten von Interaktionen (Beziehungen) innerhalb und zwischen sozialen Systemen als auch das Ergebnis selbst, die Organisation als Institution. Beides bestimmt die Ordnungsfunktion und den Ordnungsrahmen des Begriffs (Vahs, 2005).

Aus ökonomischer Perspektive lassen sich drei wesentliche Erklärungsmuster für das Entstehen von Organisation identifizieren:

1. Organisation als Problemlösung bezogen auf Mängelbeseitigung. Dabei werden Modelle der Knappheitstheorien zur Beschreibung herangezogen (Picot et al., 2002).

2. Organisation als Problemlösung bezogen auf Selektionsanforderungen. Dieses Erklärungsmuster stützt sich vor allem auf entscheidungstheoretische Ansätze (Laux/Liermann, 1997).

3. Organisation als Problemlösung bezogen auf die Gestaltung von Interaktionen in einem Netzwerk von Verträgen. Hier stützt sich die Argumentation auf interaktions- bzw. vertragstheoretische Arbeiten (Homann/Suchanek, 2000).

Projektorganisation soll im Folgenden als spezifische Problemlösung für die Gestaltung von Innovationsprozessen verstanden werden.

4.2 Organisatorische Schlüsselfaktoren für Entwicklungsvorhaben
Empirische Befunde der Innovationsforschung zeigen wichtige Schlüsselfaktoren für Durchbrüche in Forschung und Entwicklung auf, die gleichzeitig auch wesentliche Hinweise für organisatorische Gestaltungsansätze liefern (z.B. Hollingworth/Hollingworth, 2000; Knorr-Cetina, 2002a; Hage, 2000; Müller, 2000 etc.).

4.2.1 Bedingungen für Durchbrüche bei Innovationsprozessen
So weist eine Studie über die erfolgreichsten biomedizinischen Forschungseinrichtungen in den USA z.B. folgende Bedingungen für große Durchbrüche bei Innovationsprozessen nach (Hollingworth/Hollingworth, 2000):
– intensive und häufige Interaktionen zwischen den beteiligten AkteurInnen
– disziplinäre Vielfalt
– kleine überschaubare Gruppen
– gemeinsame Orte der Begegnung
– Leadership (als Fähigkeit zur Integration der beteiligten Ressourcen)
– Arbeit an konkreten Problemen, die prinzipiell lösbar erscheinen
– wenig hierarchische Koordination und Bürokratie – d.h. geringe Formalisierung der internen Abläufe
Wie sich gezeigt hat, besitzt insbesondere Zentralisierung (Hierarchie) als Koordinationsform eine sehr robuste negative Beziehung mit Innovationsraten.

Aber auch die Integration verschiedenartiger heterogener Wissens- und Kompetenzkontexte gehört zu den Grundvoraussetzungen kreativer, komplexer und schneller Problemlösungen (Hage, 2000).

4.2.2 Faktoren der Organisationsgestaltung

Hage (2000) filtert aus den Ergebnissen umfangreicher Studien drei weitere innovationsrelevante Faktoren heraus:

1. *Komplexität der Tätigkeiten:* Es geht dabei um integrierte Aktivitäten unterschiedlicher Wissens- und Kompetenzbereiche, die schwer bis gar nicht zu formalisieren sind. Die Arbeitsteilung erfolgt nicht auf Basis formalisierter Tätigkeiten und Prozesse, sondern durch die Verknüpfung in sich logisch geschlossener Aufgaben. Das erfordert ein hohes Maß an Selbständigkeit und verlangt eine entsprechende Tiefe und Weite an Expertise der handelnden Personen. Außerdem sichert das gleichzeitig eine bessere Ausschöpfung der individuellen Potentiale (vgl. 3.5.2 Systemtheoretische Ansätze).
2. *Riskante, komplexe Strategien (Leadership):* Dabei geht es um die Kombination unterschiedlicher strategischer Visionen, um Sinnentfaltung und die Integration vielfältiger Expertisen und um den Zugang zum State of the Art in den relevanten Kontexten (vgl. 3.5.3 Evolutionstheoretische Ansätze).
3. *Organische Strukturen:* Damit ist u. a. eine geringe Differenzierung der Organisation in Positionen und Stellen gemeint, sowie wenig hierarchische und bürokratische Koordination. Im Grunde wird hier auf die Selbstorganisationsfähigkeit der Beteiligten referenziert (vgl. 3.5.4 Selbstorganisationstheoretische Ansätze).

Als äußerst relevant hat sich auch eine klare zeitliche Begrenzung der jeweiligen Entwicklungsdauer herausgestellt, da sonst die Performanz des Systems deutlich absinkt (Hage, 2000). Die Begrenzung dient damit einer selbstinduzierten Leistungssteigerung.

4.2.3 Die Funktion von Organisationsbausteinen

Ein wesentliches Element des konzeptionellen Rahmens für die Herstellung des Neuen stellen sog. Organisationsbausteine dar (Müller, 2000). Darunter kann man Elemente eines Systems verstehen, die vielfältige Kombinationen bzw. Konfigurationen ermöglichen. Sie dienen daneben auch der raum-zeitlichen Spezifikation und der Eingrenzbarkeit von Alternativen. Bausteinkombinationen müssen sich allerdings z. B. hinsichtlich ihrer komparativen Vorteile als „evaluierbar" oder bewertbar erweisen. Bausteinfunktion können z. B. Aufgaben, Phasen, Module, Prozesse etc. übernehmen, alles, was im Rahmen eines Systems hilft, vielfältige Formen desselben zu erzeugen. Der Umgang mit Bausteinkombinationen findet innerhalb von sog. Designräumen (z. B. Projekte) statt (Dennett, 1995). Darunter werden z. b. spezifische Projektphasen verstanden, in denen bestimmte Mengen an Aufgaben in unterschiedlicher Reihenfolge und raum-zeitlichen Distanzen spezifiziert werden. Designräume kann man auch als Möglichkeits- und Spielräume interpretieren. Ein wesentlicher prozessualer Baustein innerhalb von Designräumen ist die sog. rekursive Organisation (Müller, 2000), mit deren Hilfe die Transformationen von alt nach neu prozessiert werden.

4.2.4 Die Transformation von alt nach neu

Bei der Transformation von alt nach neu geht es um die *reflexive Produktion* von Zwischenlösungen oder Varianten als Annäherungen an die Zieldomänen, die so lange Tests („Erfolgskontrollen") unterzogen werden, bis eine Variante dem gewünschten Ergebnis entspricht oder nahe kommt. Douglas R. Hofstadter (1995:77, in: Müller, 2000) hat folgende Rekombinationsoperatoren für die Transformationen von alt nach neu definiert:
– Adding (Hinzufügen neuer Bausteine)
– Deleting (Entfernen bestehender Bausteine)
– Replacing (Vertauschen bestehender Bausteine)
– Duplication (Verdoppeln bestehender Bausteine)
– Shortening (Verkürzen von Komponenten oder Schemen)
– Lengthening (Verlängern von Komponenten oder Schemen)
– Inverting (Umkehren von Kombinationen)
– Swapping (Vertauschen von Bausteinen)
– Crossing Over (Kreuzen zweier Schemen)
– Merging (Integration bislang getrennter Schemen in ein neues Schema)
– Breaking (Differenzierung eines Schemas in disjunktive Schemen)
– Moving (horizontale Bewegung von einem Baustein zum nächsten)
– Shifting (vertikale Bewegung zwischen Niveaus und Levels)
Kreatives Entwickeln stützt sich auf den effizienten Umgang mit diesen Rekombinationsoperatoren im Rahmen rekursiver Prozesse und innerhalb definierter Spielräume.

4.3 Entwicklung des Neuen als Prozess

Hauschildt (1997) sieht das Wesen der Innovation in einer neuartigen Verknüpfung von Zwecken und Mitteln, die im Rahmen eines komplexen Entwicklungsablaufes erfolgt. Er beschreibt den Innovationsprozess sinngemäß in folgenden sieben Schritten:

1. Ideenfindung (Vorstellung einer Möglichkeit)
2. Entdeckung/Beobachtung (Aufdeckung möglicher Zusammenhänge)
3. Forschung (Findung und Überprüfung der Entdeckung)
4. Entwicklung (Umsetzung der Forschungsergebnisse in Prototypen etc.)
5. Erfindung (Festlegen auf eine Alternative)
6. Einführung (Vermarktung oder Nutzbarmachung)
7. Laufende Verwertung (Serienproduktion etc.)

Die prozessuale Dimension der Produktion des innovativen Neuen wirft die Frage nach einer geeigneten Organisationsform auf. Dazu werden die einzelnen Schritte zu sog. Phasen zusammengefasst und eine Art Lebenszyklus mit Anfang und Ende modelliert.

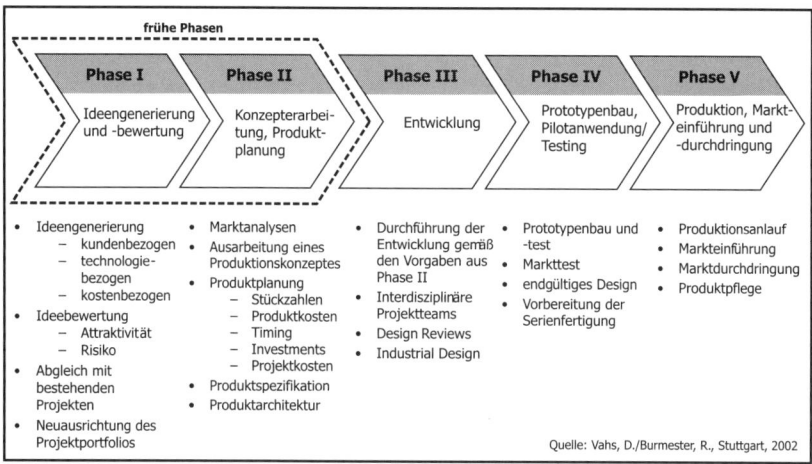

Abb. 10: Modell des Innovationsprozesses

Man erkennt bereits an der Phasengliederung, dass hier im Grunde schon auf Strukturelemente der Projektorganisation verwiesen wird. Es verwundert daher nicht, dass als zentraler organisatorischer Problemlösungsansatz im Innovationsprozess Projektorganisation und Projektmanagement vorgeschlagen werden (Hauschildt, 1997; Vahs/Burmester, 2002; Tintelnot et al., 1999; Trott, 1998 etc.).

„Das Projektmanagement setzt an den einzelnen Schritten dieses Prozesses organisatorisch an: Bildung und Förderung von Initiativen, Zielformulierung, Lösungssuche und Prozesssteuerung [...]." (Hauschildt, 1997:86)

Projektmanagement wird als Teil einer Spezialisierung im Innovationsprozess gesehen – im Hinblick auf das Management der Produktion des Neuen. Im Rahmen von Innovation als befristete Aufgabe kommt das *Management von Einzelprojekten* zum Tragen, wenn allerdings mehrere Produktionsprozesse zur Herstellung neuer Produkte gleichzeitig verfolgt werden, wird der Einsatz von *Multi-Projektmanagement* oder Programmmanagement empfohlen.

4.4 Theorie temporärer Organisationen

Alle gängigen Organisationsansätze, -theorien und -modelle beschäftigen sich mit Organisationen, die auf permanente Leistungserbringung abgestellt sind. Andererseits erzeugt die Umwelt von Organisationen Situationen, die nicht nur zur Wiederholung (Reproduktion), sondern auch zur Veränderung auffordern. Wiederholung weist eine zyklische Zeitstruktur („master clock") auf, während Veränderung einer linearen Zeitlogik des Vorher/Nachher („countdown clock") folgt (Lundin/Söderholm/Wilson, 2001). Veränderung als Prozess bestimmt sich durch den Übergang des momentan Aktuellen zu einem dazu passenden (anschlussfähigen), unterscheidbaren Neuen (Luhmann, 1985). Die Logik der „countdown clock" schafft die Möglichkeit zur Veränderung im Sinne einer abweichenden Reproduktion, einer Erneuerung. Zeit wird in diesem Fall nicht „ad infinitum" zur Strukturierung permanent wiederholbarer Vorgänge, sondern zur Strukturierung temporärer, im Regelfall einmaliger Vorhaben genutzt.

In temporären Systemen wird Zeit auf zweierlei Arten Strukturbedingung: Erstens durch die interne Verknüpfung zeitlich limitierter Elemente und zweitens durch die Begrenzung des gesamten Prozesses (Anfang und Ende). Machazina (2003) hat die damit verbundene Problemlösungskonzeption als Abgrenzung zur permanenten Organisation formuliert, nämlich Improvisation und Disposition – beides Aspekte einer vorläufigen Ordnung. Wir werden auf diese Dimensionen an anderer Stelle zurückkommen.

Verknüpft man nun beide Gedankengänge – den der Veränderung als Varianz nachfolgender Elemente und den der Reproduktion durch Verknüpfung zeitlich limitierter Vorgänge –, wird deutlich, dass Projekte als eine genuine Form temporärer Organisationen interpretierbar sind.

Die Forschung zur temporären Organisation umfasst, wie bereits erwähnt, eine durchaus noch überschaubare Anzahl an wissenschaftlichen Aufsätzen. Eine umfassende, die wichtigsten Aspekte zusammenfassende Arbeit steht noch aus.

Einen entscheidenden und viel zitierten Anfang markiert der Aufsatz „A Theory of the Temporary Organization" von Lundin und Söderholm (1995). Die Autoren grenzen temporäre von permanenten Organisationen folgendermaßen ab: „Permanent organizations are more naturally defined by goals (rather than tasks), survival (rather than time), working organization (rather than team) and production process and continual development (rather than transition)." (Lundin/Söderholm, 1995:439) Damit sind auch ihre vier zentralen Konzepte skizziert: Zeit, Aufgaben, Team und Übergänge.

4.4.1 Die Rolle der Zeit

Zeit wird in temporären Organisationen linear definiert, als ein Setzen von Anfang und Ende eines Vorhabens, womit eine zeitliche Begrenzung vollzogen wird.

In Kombination mit einer zyklischen Zeitauffassung ergibt sich dann das Bild einer Zeitspirale, in der Wiederholung und Veränderung (Vorher/Nachher) zugleich auftreten. Temporäre Organisationen werden als „free area of activities" (Burrell, 1992:177, in: Lundin/Söderholm, 1995) verstanden, in der Sequenz, Phasen aber auch Synchronisation eine wichtige Rolle spielen. Sie gestalten sozusagen den linearen Teil der Zeitspirale in möglichst planvoller, vorhersehbarer Weise aus.

4.4.2 Die Funktion der Aufgabengliederung

Aufgaben (auch Arbeitspakte genannt) spielen für Lundin/Söderholm ebenfalls eine zentrale Rolle. Sie dienen einerseits der Strukturierung und Abgrenzung, aber auch als Basis für das Commitment der Projektmitglieder (z. B. durch Vereinbarungen, Verträge etc.). Dabei werden zwei unterschiedliche Aufgabentypen unterschieden – einmalige und wiederholbare. Daraus ergeben sich dann *zwei Typen temporärer Organisationen*: solche, die nur für eine bestimmte singuläre Situation (z. B. Forschung) aufgebaut werden, und solche, die ähnlichen Vorhaben in der Zukunft dienen (z. B. Filmindustrie oder Anlagenbau).

Diese Unterscheidung hat Auswirkungen auf die Gestaltung von Strukturen und Prozessen der jeweiligen temporären Organisation. Während im ersten Fall der Anteil an „Nicht-genau-Wissen", Kreativität, Unsicherheit etc. sehr hoch ist, kann man im zweiten Fall auf bewährtes Wissen und erprobte Module zurückgreifen.

Lundin/Söderholm spannen damit quasi das Spektrum möglicher Abstufungen an Projekten auf – von singulären Entwicklungsvorhaben bis zur „paradoxen" Form der permanenten temporären Produktion in Projekten (z. B. in der Film- und Baubranche).

4.4.3 Teams und die Gestaltung der Zusammenarbeit

Auch Teambildung wird als essentiell angesehen, allerdings weniger im Sinne der Gestaltung „untrennbarer Produktionsprozesse" im Hinblick auf Entscheidungs- und Kontrollrechte (Picot et al., 2002). Es geht Lundin/Söderholm vielmehr um bestimmte Beziehungsdimensionen. Teams sind, so ihre Interpretation, zunächst um Aufgaben organisiert. (Im Unterschied zu Tätigkeiten sind Aufgaben in sich geschlossene Leistungselemente.) Außerdem ist die Partizipation der Projektmitglieder grundsätzlich limitiert, was u. a. Auswirkungen auf ihre Erwartungslage hat. Ein dritter Aspekt zeigt sich darin, dass ProjektteilnehmerInnen aufgrund der zeitlichen Begrenzung in den Projektorganisationen nicht ihr „Zuhause" sehen, d. h. sie sind vorher, während und danach woanders „verortet" (vgl. Kapitel 6 „Projektökologien"). Das hat auch Einfluss auf das Konfliktverhalten im Team. Durch die starke Bindung an externe Kontexte entstehen spezielle Fragen der Legitimation und der Unterstützung durch die Projektumwelten. Es geht also einerseits um so zentrale Punkte wie Zustimmung und Kooperation zwischen Individuum und Team sowie andererseits um Legitimation und Unterstützung durch die Projektumwelten.

4.4.4 Die Bedeutung von Übergängen

Das vierte Konzept betrifft den Aspekt der Übergänge. Gemeint sind damit die Übergänge z. B. zwischen Phasen, bei denen das Vorhaben in einen neuen Zu-

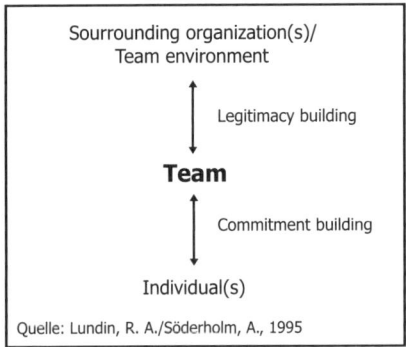

Abb. 11: Beziehungen zwischen Individuen, Teams und Teamumwelten

stand übergeführt wird. Diese Übergänge trennen den Prozess gezielt in ein Vorher, das Jetzt und die Zukunft. Mit der Gestaltung von Übergängen etwa mittels „Meilensteinen" (Entscheidungspunkte auf der Zeitachse) kann die Entwicklung oder Transformation innerhalb des Projektes evaluiert werden (Soll-/Ist-Vergleich). Die Übergänge signalisieren sozusagen den „Zustand" des Projektes und unterstützen die Entscheidungsprozesse im Hinblick auf Abbruch oder Weitermachen. Die konzipierten Übergänge haben aber auch Auswirkung auf das Binnenklima der Projektorganisation. Sie sind eng verbunden mit dem Konzept der Aufgabenstrukturierung und fokussieren viele unterschiedliche professionelle Sichtweisen auf den Ablauf des Vorhabens. Das dadurch entstehende Abstimmungsproblem entfaltet eine spezifische Kultur des Verhaltens, insbesondere was die wechselseitige Unterstützung betrifft. Im Zeichen des Übergangs geht es immer um Sein oder Nichtsein – und diese Hürde ist meist nur gemeinsam zu nehmen.

4.4.5 Sequenzielle Aspekte der Strukturbildung
Neben diesen vier zentralen Strukturmerkmalen – Zeit, Aufgaben, Team und Übergang – sehen Lundin/Söderholm noch vier sequenzielle Aspekte ihrer Theoriebildung:
– Entrepreneurship
– Fragmentierung
– Planung und Überwachung
– Institutionalisierte Terminisierung
Der Beginn eines Projektes hat Ähnlichkeit mit der Gründung und dem Aufbau eines Unternehmens (Entrepreneurship). Für die Initiierung eines Projektes bedarf es deshalb einer „Gründerpersönlichkeit" (z. B. eines Produzenten/einer Produzentin), der/die das Projekt nach innen und außen „verkauft". Während dieser „Start-up-Phase" ist z. B. die Präsentation ein wichtiges Instrument für das Einbeziehen von „MitstreiterInnen". Diese Phase ist geprägt von „mapping by rethoric" – dem Versuch, die Projektidee mit Leben zu erfüllen und überzeugend zu transportieren.
In der Entwicklungsphase des Projektes spielt *Fragmentierung* eine Rolle, wenn z. B. Aufgaben strukturiert und Zeitpläne entworfen werden. Die Fragmentierung hat hier zwei Funktionen: Einerseits wird der Horizont erweitert und gleichzeitig Komplexität reduziert. Andererseits dient sie als Basis für Vereinbarungen mit potentiellen ProjektpartnerInnen und MitarbeiterInnen. Gleichzeitig wird das Projekt damit auch von allen anderen Aktivitäten rundherum klar abgegrenzt und erhält so eine eigene Identität. Die dabei vorge-

nommene Definition der Aufgaben schafft den Rahmen für die eigentliche Produktion (oder Problemlösung). Aufteilung wird hier zur Engführung diverser Tätigkeiten, zu einem Instrument der Inklusion und Exklusion. Während der Umsetzungsphase kommt insbesondere Planung und Überwachung zum Tragen.

Planung determiniert die Aufgabenstellungen und damit indirekt auch alle anderen anfallenden Tätigkeiten, ohne sie jedoch bis ins Detail festlegen zu müssen. Sie ermöglicht vor allem, dass vieles von unabhängigen PartnerInnen ohne direkte Aufsicht durchführbar wird. Projektpläne dienen weniger dazu, bis ins Detail eingehalten zu werden, sondern haben mehr den Charakter einer Landkarte zur Bestimmung des Weges und des Ziels. Daneben dienen elegante Pläne auch der Reputation des Projektes und der ProjektantInnen. Sie signalisieren Kompetenz, Effizienz und Vertrauenswürdigkeit (Lundin/Söderholm, 1995). Pläne sind genau genommen Entscheidungsprogramme für zukünftiges Handeln. Sie schaffen Erwartungshorizonte, die Handlungen als richtig oder falsch beobachtbar machen.

Überwachen wiederum dient im Wesentlichen dazu, den Beteiligten den Stand der Dinge und damit den Verlauf des Projektes zu signalisieren. So kann überprüft werden, ob die ursprünglichen Intentionen erfüllt werden und die Kontrolle über etwaige Änderungsanforderungen funktioniert.

Das in der Planung verwirklichte Konzept der institutionalisierten *Terminisierung* beschreibt einen ins Projekt eingebauten Begrenzungsmechanismus. Das betrifft vor allem das Festlegen der Dauer von Aufgabenstellungen. Bei Nichteinhalten drohen in aller Regel Konsequenzen, bzw. müssen auf jeden Fall Entscheidungen getroffen werden.

Miles (in: Lundin/Söderholm, 1995) unterscheidet 1964 drei Terminisierungsmodi:
- genauer Zeitpunkt (z. B. Datum oder Uhrzeit)
- bei Eintritt eines bestimmten Ereignisses (z. B. bei Erreichen einer bestimmten Auslastung etc.)
- bei Änderung einer bestimmten Situation

Man kann daran recht gut erkennen, dass diese drei Terminisierungsformen häufig Bestandteile von Verträgen sind.

Terminisierung ermöglicht aber auch die Übertragung von Erfahrungen von einem Feld (oder Projekt) auf andere. In jedem Projekt wird für die Zukunft gelernt und die TeilnehmerInnen übertragen ihre Erfahrung wieder in neue Projektkontexte. Individuelles Lernen wird so permanent erneuert und temporär angewandt.

Die von Lundin/Söderholm (1995) präsentierte Theorie temporärer Organisationen greift viele entscheidende Aspekte auf und ist ein wichtiger Schritt zur Erklärung dieses Phänomens. Sie trägt auch zur Beantwortung der eigentlichen Kernfrage bei, nämlich welchen Beitrag das Konzept der temporären Organisationen für die Produktion des Neuen in Form von Projekten leistet.

4.4.6 Projekte als „Postbureaucratic Organization"

Heydebrand (1989, in: Söderlund, 2000) spricht von temporärer Organisation als einer „postbureaucratic organization", die sich missionsorientiert und flexibel präsentiert. Ihre Autoritätsstrukturen sind Projektteams und Task-forces, sie ist geprägt durch offene Kommunikation, die Entscheidungsfindung erfolgt partizipativ und problemorientiert – mit einem hohen Anteil an Delegation. Damit wird der Blick verstärkt auf das Interaktionsgefüge in temporären Organisationen gelenkt.

J. Söderlund (2000) charakterisiert in diesem Zusammenhang die individuelle Situation beim temporären Organisieren im Anschluss an Goodman (1981) und Meyerson/Weick/Kramer (1996) wie folgt:

1. ProjektmitarbeiterInnen mit unterschiedlichen Fähigkeiten werden unter Vertrag genommen und geben dafür Expertisen

2. ProjektmitarbeiterInnen haben eine begrenzte Geschichte der Zusammenarbeit und begrenzte Aussichten in Zukunft wieder zusammenzuarbeiten.

Daraus ergeben sich spezifische Problemstellungen, die nicht richtig in die Erklärungsmuster der Mainstream-Organisationstheorie passen. Diese behauptet z. B., dass die Entwicklung von Reputation, Vertrauen und Lernen etc. nur in permanenten Organisationsformen fruchtbringend möglich ist. Wie wir im Kapitel 6 „Projektökologien" sehen werden, lässt sich dieser Befund auf Projektebene keinesfalls aufrechterhalten.

Laut Söderlund gibt es zwei Dimensionen, anhand derer man die Unterschiede zwischen temporären und permanenten Organisationen beschreiben kann:

1. Struktur und

2. Partizipation/Beschäftigung

Besonders bei der Beschäftigungsform setzt Söderlund seine Überlegungen temporärer Organisationen an. Neben den unterschiedlichen, individuellen Erwartungsmustern (Langzeitbeschäftigung und befristete Beschäftigung) wird die „Professionalität" als wichtiger Faktor im temporären Beziehungsgeflecht zwischen Unternehmen und ProjektmitarbeiterInnen hervorgehoben. So genannte „Temps" (ProjektmitarbeiterInnen) beginnen neue Formen der Reputa-

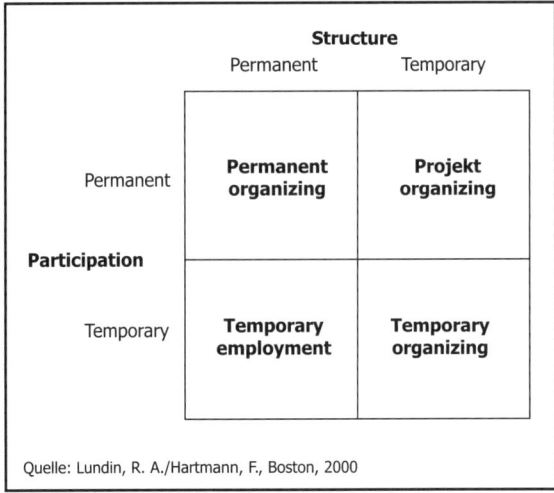

Abb. 12: Eine Typologie des permanenten/temporären Organisierens

tion auszubilden (z. B. SpezialistInnen, ExpertInnen, BeraterInnen) und ein strenges professionelles Ethos zu entfalten. Das liegt auch an einer anderen Form der Kontrolle in Projekten. Statt bürokratischer Kontrolle wird verstärkt auf professionale Kontrolle gesetzt. Man muss an dieser Stelle allerdings darauf verweisen, dass Mitarbeit auf Zeit in einer temporären Organisation (Projekt) etwas anderes ist als Mitarbeit auf Zeit in einer permanenten Organisation (etwa klassische Zeit- bzw. Leiharbeit).

4.4.7 Individuelle Herausforderungen bei temporärer Projektarbeit

Die Mobilität und Flexibilität der Projektmitglieder verlangt von ihnen hohe „soziale Kompetenz", da sie ständig in neue Beziehungsgeflechte ein- und austreten, Beziehungen auf- und abbauen und sofort „anschlussfähig" sein müssen. Projekte involvieren Individuen in eine Art Experiment und damit in einen ständigen Lernprozess. Die Personen wechseln von Projekt zu Projekt und entwickeln permanente Beziehungen nicht zu einzelnen Organisationen, sondern zu bestimmten Netzwerken (oder „Szenen") als übergeordnete Organisationsformen. Darin herrschen oft „clanähnliche" Strukturen sozialer Interaktion (Ouchi, 1980). Man kann ProjektmitarbeiterInnen in manchen Branchen auch metaphorisch als „Nomaden" bezeichnen, die von Projekt (als Gelegenheit) zu Projekt ziehen, immer auf der Suche nach Möglichkeiten –

manchmal alleine, manchmal im Team (DeFillippi/Arthur, 1998). Sie werden angeworben aufgrund ihrer Profession und ihrer Reputation (Meyerson/Weick/Kramer, 1996). Loyalität herrscht nicht gegenüber Firmen, sondern z. B. gegenüber Berufsverbänden und kollegialen Netzwerken. Empirische Studien zeigen, dass temporäre Organisationen vorwiegend auf Networking, Professionalität, Flexibilität und Mobilität angewiesen sind. (vgl. Kapitel 6 „Projektökologien")

4.4.8 Reputation und Networking

Es gibt in temporären Organisationen keine dauerhaften Arbeitsbeziehungen, man ist daher vor allem Mitglied in sich überlappenden, dauerhaften Netzwerken, die einerseits der Entfaltung von Reputation dienen und andererseits Gelegenheiten und Möglichkeiten zukünftiger Mitarbeit eröffnen. Institutionelle Netzwerke wie Berufsverbände unterstützen auch die Auftraggeberseite bei der Selektion zukünftiger MitarbeiterInnen – man heuert eben nicht irgendwelche Leute an, sondern baut auf Empfehlungen.

„In this business there's really a network. You just don't hire people out of the blue. In general, it is people you know, or you know someone who knows them." (Saxenian, 1996:27, in: Lundin/Hartman, 2000).

Professionalität bildet sich oft in Standards aus, sodass man weiß, was man zu tun hat (ohne viel fragen zu müssen), wenn die Aufgabenstellung klar umrissen ist. Über Professionalität lässt sich Reputation generieren, die als Sozialkapital die wichtigste „Währung" auf Projektmärkten darstellt. Auf Professionalität bauen zwei soziale Kontrollmechanismen auf: Netzwerkkontrolle und reputationsbasierte Kontrolle (Söderlund/Andersson, 1998). Wobei der Unterschied im Wesentlichen darin besteht, dass Netzwerkkontrolle außerhalb der individuellen Kontrolle liegt (Meyerson/Weick/Kramer, 1996).

4.5 Zusammenfassung

1. Projekte mit ihrer temporären Organisationsform werden als spezifische Problemlösung für die Gestaltung von Innovationsprozessen verstanden.
2. Faktoren der Organisationsgestaltung von Projekten sind u. a. Arbeitsteilung durch Verknüpfung in sich logisch geschlossener und selbständig erfüllbarer Aufgaben, Einsatz riskanter Strategien und Aufbau organischer, unbürokratischer und heterarchischer Strukturen.

3. Das Projektdesign verwendet für den Aufbau von Spielräumen vielfältig einsetzbare Organisationsbausteine (Aufgaben, Prozesse, Phasen etc.), durch die sich unterschiedliche Beziehungs- und Kontrollniveaus aufbauen lassen.

4. Projektorganisation schafft Bedingungen für eine reflexive Produktion, bei der Zwischenlösungen oder Varianten so lange Tests unterzogen werden, bis sie dem gewünschten Ergebnis entsprechen.

5. Temporäre Organisationsformen folgen keiner zyklischen Zeitstruktur („master clock"), sondern der linearen Zeitlogik eines Vorher/Nachher („countdown clock") – die damit verbundenen zeitlichen Begrenzungen dienen u. a. einer Art selbstinduzierten Leistungssteigerung.

6. Die Theorie temporärer Organisation umfasst vier zentrale Konzepte: Zeitliche Begrenzung (Terminisierung, Limitierung), Gliederung in Aufgaben (Abgrenzung), Einsatz von Teamstrukturen (Selbstorganisation) und Definition von Übergängen (Ergebniskontrolle, Soll-/Ist-Vergleiche).

7. Wichtigste sequenzielle Aspekte der Theoriebildung sind Entrepreneurship (Gründung und Aufbau eines „Unternehmens auf Zeit"), Fragmentierung (Zerlegung aller Tätigkeiten und Prozeduren zwecks Strukturierung), Planung und Überwachung sowie institutionalisierte Terminisierung (ins Projekt eingebaute zeitliche Begrenzungsmodi).

8. Projekte werden als sog. Postbureaucratic Organization rekonstruiert – geprägt durch offene Kommunikation, partizipatorische und problemorientierte Entscheidungsfindung sowie einen hohen Anteil an Aufgabendelegation auf Basis von Vereinbarungen und Verträgen.

9. Projektarbeit verlangt von allen Beteiligten neben Fachkompetenz, Mobilität, Flexibilität und Selbstorganisationsfähigkeit vor allem hohe soziale Kompetenz, um im Wechsel zwischen temporären Vorhaben jederzeit „anschlussfähig" an neue Situationen und Projektumgebungen zu sein.

10. Da es in temporären Organisationen keine permanenten Arbeitsbeziehungen gibt, spielt die Mitgliedschaft in (Produktions-)Netzwerken eine entscheidende Rolle. Netzwerke übernehmen dabei die Rolle der Verortung von ProfessionistInnen (potentiellen Projektbeteiligten), in denen durch die Herausbildung von professionellen Standards Reputation erzeugt und gleichzeitig Qualität gesichert wird.

5 Projekte als temporäre Unternehmen

5.1 Definitionen und Begriffe

Wenn nun von Projekten als temporäre Unternehmen die Rede ist, dann tun sich auch in diesem Fall eine Reihe definitorischer Probleme auf. Projekte als „Unternehmen auf Zeit" (Patzak/Rattay, 2004) zu bezeichnen, unterstellt zunächst die klassischen Unternehmensbegriffe, die ein weiteres Feld unterschiedlicher Auffassungen bezeugen. So ist etwa die Rede von Wirtschaftseinheiten, die von UnternehmerInnen geführt werden (Grocha), von einer Einheit zur Fremdbedarfsdeckung (Gutenberg, Ulrich), von Einheiten, die durch wirtschaftliche Selbständigkeit (Gutenberg), mit Freiheit bei der Bestimmung der eigenen Ziele (Ulrich) und durch Übernahmen von Risiken (Kosiol) charakterisiert sind (Definitionen vgl. Macharzina, 2003). Daneben wird auch zwischen Betrieb und Unternehmen unterschieden, wobei Betrieb für Produktionseinheit steht und Unternehmen für Finanzeinheit. Das Unternehmen wird nicht zuletzt als Begriff in der Rechtssphäre benutzt, wenngleich auch hier keine einheitlichen Formulierungen gelten. Gewerbe, Betriebe, Unternehmen etc. werden als privatrechtliche Bündel von Sachen und Rechten betrachtet, über die Rechtssubjekte verfügen und damit rechtliche Träger sind (Voy, 2002). Es geht also dabei um Rechtsobjekte, die den Verfügungen eines Rechtssubjektes, dem Unternehmensträger (oder Eigner), unterliegen.

Die betriebswirtschaftliche Organisationslehre betrachtet Mehrpersonengebilde wie das Unternehmen weitgehend unter dem Aspekt der internen Funktionen sowie als Institutionensystem. Im Wesentlichen werden drei Ebenen der Organisation des Unternehmens untersucht (Picot/Dietl/Franck, 2002):

- die Organisation als Binnenbereich der Unternehmung
- die Organisation zwischenbetrieblicher Beziehungen
- die Organisation der wettbewerblichen Rahmenbedingungen

Im Fall des Projektes als temporäres Unternehmen ist das Konzept der Organisation zwischenbetrieblicher Beziehungen für die weitere Analyse am ergiebigsten.

5.2 Das Projekt als erfolgsorientierter Kooperationsverbund

Aus dem Blickwinkel der Projektökologie kann man Projekte als Kooperationsverbund selbständig tätiger AkteurInnen zur Produktion von Innovationen und Unikaten definieren. Verbund wird dort durch vorübergehende Kontakte zum professionalen Austausch beschrieben – man klinkt sich ein, von Auftrag zu Auftrag bzw. von Projekt zu Projekt (vgl. Kapitel 6 „Projektökologien").

Die Ökonomik versteht nun Verbund als zwischenbetriebliche Koordinationsform eigenständiger Unternehmen, die nur im Spezialfall (z. B. Joint Venture)
ein eigenständiges Unternehmen darstellt. Dazu kommt, dass Projekte im Nor-
malfall viele institutionelle Formen annehmen – vom abteilungsinternen Vorhaben, über unternehmensübergreifende Kooperationen, bis zu eigenständigen
Projektunternehmen (z. B. in der Bauindustrie). Für eine brauchbare ökonomische Rekonstruktion und Analyse ist dieses Spektrum zu breit und branchen-
bezogen.

Es wird deshalb vorgeschlagen, jedes Projekt (egal, ob innerhalb von Organisationen oder in Form der eigenständigen Unternehmung) als Kooperationsverbund von „Unternehme(r)n" (selbständige oder kollektive AkteurInnen) zu
sehen.

Dem liegt ein Verständnis des Unternehmerbegriffes zugrunde, der aus der historischen Unternehmerfunktion die Erkenntnis der Unabdingbarkeit risiko-
orientierten und daher ergebnisbezogenen Handelns bezieht. Konkretisiert heißt
dies, dass jeder/jede ökonomische AkteurIn, der/die Risiko übernimmt, Unsicherheit erträgt und ergebnisorientiert vorgeht, in diesem Sinne UnternehmerIn
ist – im Gegensatz zu anderen, die durchaus anspruchsvollen Tätigkeiten in relativer Sicherheit und mit sehr begrenztem Risiko nachgehen (Schmitz, 2004).

Unsicherheit ist Bestandteil jeder Produktion von Innovation – die Frage ist
deshalb, welche Risiken Projektbeteiligte im Gegensatz zum Auftraggeber/zur
Auftraggeberin als InvestorIn eigentlich selbst tragen.

AuftraggeberIn und ProjektteilnehmerIn eint ein für deren ökonomische Zukunft elementares Risiko – das Scheitern.

Alle Beteiligten setzen dabei entweder Real- oder/und Sozialkapital (Reputation) aufs Spiel. Ein zweiter Aspekt betrifft die Art und Weise der Leistungserbringung. Aufgaben in Projekten werden in aller Regel ergebnisbezogen als
ein „Werk" definiert. Das heißt, die „AuftragnehmerInnen" vollbringen „selbständig" eine Werkleistung, die im Wesentlichen an ihrem definierten Ergebnis (Qualität), innerhalb eines definierten Zeitraumes (Termine und Dauer)
und an definierten Kosten (Budget) gemessen wird.

In diesem Sinne können Projekte als erfolgsorientierter Kooperationsverbund „selbständiger", ökonomischer AkteurInnen (Risiko, Unsicherheit
und Ergebnisorientierung) verstanden und interpretiert werden.

Da diese wiederum als kollektive AkteurInnen gesehen werden können, erscheint es meines Erachtens zumindest aus analytischen Gründen zielführend

und angebracht, diese in weiterer Folge sowohl in funktionalem wie in institutionellem Sinn als „Unternehmen" zu behandeln. Allerdings als Unternehmen eines spezifischen Typs: Ein *Unternehmen aus „UnternehmerInnen"*, das weder marktlich noch hierarchisch, sondern netzwerkartig organisiert ist.

5.3 Produktionsnetzwerke als Basis von Kooperationsverbünden

Die Idee, Netzwerke als eigenständige Koordinationsform ökonomischer Aktivitäten anzusehen, ist jüngeren Datums und beginnt sich erst allmählich im organisationstheoretischen Diskurs zu verbreiten (Kenis/Schneider, 1996). Das gängige Interpretationsschema organisatorischer Koordination basiert auf Überlegungen des Wirtschaftswissenschafters Ronald Coase (1937), der Betriebe und Märkte als alternative Organisationsmittel unterschiedlicher Transaktionsarten beschreibt. Daraus hat sich eine dichotome Vorstellung über Markt und Hierarchie entwickelt (Williamson, 1985), die zwischen einem Marktpol auf der einen Seite, wo alle relevanten Transaktionen dezentral organisiert auf dem Preismechanismus beruhen, und einem Hierarchiepol, an dem alle TransaktionspartnerInnen zentral vertikal (in Unternehmen) integriert sind, unterscheidet.

5.3.1 Produktionsnetzwerke als Alternative zu Markt und Hierarchie

Unternehmen, so die zentrale ökonomische These, lösen die mit einer arbeitsteiligen Leistungserstellung verbundenen Koordinations- und Motivationsprobleme besser als die Leistungsabwicklung durch externe PartnerInnen über Märkte (Picot/Dietl/Frank, 2002).

Zwischen diesen beiden Polen integrierter (Unternehmen als hierarchische Institutionen) und desintegrierter Transaktionen (Markt) gibt es auf einer Art Kontinuum eine Vielzahl von Zwischenformen (Verlagssysteme, wechselseitige Handelsbeziehungen, Quasi-Firmen, Franchising, Joint Ventures, Profitcenter, Matrix-Management etc.) (Powell, in: Kenis/Schneider, 1996).

Walter W. Powell (1996) verweist nun darauf, dass Unternehmen mit exakt definierten und hoch zentralisierten Operationen eher untypisch sind. So sieht er z. B. die Geschichte des modernen Handels ebenso wie etwa Braudel, Polanyi, Pollard oder Wallerstein als eine Geschichte von Familienbetrieben, Zünften oder Kartellen – alles Unternehmen mit beweglichen und in hohem Maße durchlässigen Grenzen. Er schlägt deshalb Netzwerke als eigenständige, abgegrenzte Koordinationsformen ökonomischer Aktivitäten vor, mit einer spezifischen Tauschlogik und mit einer eigenen Rationalität.

MERKMAL	FORM DER KOORDINATION		
	Markt	**Hierarchie**	**Netzwerk**
Normative Basis	Vertrag: Eigentumsrechte	Anstellung: Weisungsrechte	Komplementarität: Austausch
Leitdifferenz	Preise	Positionen	Relationen
Beziehung der Akteure	unabhängig	einseitig abhängig	wechselseitig abhängig
Operationsmedium	Geld	Macht	Wissen
Modus der Variation	sozial: Wettbewerb um andere Präferenzen	sachlich: Wettbewerb um andere Programme	zeitlich: Wettbewerb um größere Schnelligkeit
Modus der Interaktion	Indifferenz und Opportunismus	Indifferenz und Mißtrauen	Interessiertheit und Vertrauen

Quelle: Willke, 1989 in Anlehnung an Powell

Abb. 13: Tabelle: Koordinationsformen ökonomischer Aktivitäten

5.3.2 Rationalität in Produktionsnetzwerken

Im Gegensatz zum Wettbewerb auf Märkten verzichten NetzwerkteilnehmerInnen darauf, den eigenen Vorteil auf Kosten anderer zu mehren und zu maximieren – man teilt Vorteile und Lasten (Powell, in: Kenis/Schneider, 1996). Dies entspricht einer spezifischen Rationalität. Ziel ist es nicht, mit möglichst wenig Input maximalen Output zu erzielen, sondern einen bestimmten Output (z. B. Projekterfolg) für möglichst viele zu sichern (Nausner, 2000).

Eine grundlegende Annahme bei Netzwerkbeziehungen sei, schreibt Powell, dass einzelne Parteien von den Ressourcen der anderen abhängig sind, und dass durch die Kombination der Ressourcen Vorteile erzielt werden können.

Die wesentlichen Eckpfeiler des netzwerkartigen Austausches sind Vertrauen (Erwartbarkeit von Verhalten in unterschiedlichen Situationen), Zugehörigkeit (Verbund) und Gegenseitigkeit (Komplementarität).

Netzwerke eignen sich deshalb besonders für Austauschbeziehungen, die wertmäßig nicht einfach zu bemessen sind.

„Es ist kaum möglich, qualitative Angelegenheiten wie Innovations- und Experimentierfreude, einen besonderen Produktionsstil oder -ansatz, technologische Kapazität, Know-how oder eine Null-Fehler-Philosophie mit einem Preisschild zu versehen." (Powell, in: Kenis/Schneider, 1996:225)

5.3.3 Transaktionsmuster in Produktionsnetzwerken

Aus soziologischer und anthropologischer Perspektive finden Transaktionen in Netzwerken im Rahmen möglichst dauerhafter und repetitiver Tauschbeziehungen statt, die sich gegenseitig bevorzugende und unterstützende Handlungsräume schaffen.

Verbundenheit wird u. a. durch eine asymmetrische Tauschlogik erzeugt, deren Beschreibung auf die grundlegenden Arbeiten von Marcel Mauss (1968) zum sog. Gabentausch zurückgeht (Bataille, 1985; Bourdieu, 1998). Der Gabentausch stellt die Kontinuität der Transaktionen innerhalb und zwischen Gemeinschaften sicher. Im Akt des Gebens (z. B. Geschenk) vollzieht sich eine Bindung, die flexibel und stabil zugleich ist. Das Schenken (als vorbehaltloses Übertragen von Möglichkeiten) ist eine Aufforderung zum Kontakt (Austausch) und die Annahme des Geschenkes ist die Bestätigung des Transaktionsaktes. Damit entsteht gleichzeitig die Notwendigkeit und Verpflichtung dem zu begegnen, d. h. die Beziehung auch seinerseits zu vollziehen und der Gabe (z. B. Vertrauen in die Leistungsbereitschaft) durch eine Gegengabe (z. B. exzellente Leistung) gerecht zu werden – ein Wechsel der Vorzeichen. Damit aber die Ungleichverteilung von Möglichkeiten (Fähigkeiten, Mittel etc.) nicht zu irreversiblen Asymmetrien zwischen den AkteurInnen führt, bleibt die tatsächliche Gestalt der Gegengabe grundsätzlich offen. Insofern hält die Verpflichtung bis zur tatsächlichen Gegengabe (z. B. Fertigstellung eines Werkes) die Beziehung offen und gleichzeitig stabil. Wird die Gegengabe von eben dem/der Schenkenden (z. B. dem/der AuftraggeberIn) wiederum akzeptiert (d. h. die Erwartungen wurden erfüllt oder sogar übertroffen), setzt sich die Beziehung potentiell fort (durch eine hohe Anschlusswahrscheinlichkeit).

Der entscheidende Punkt beim asymmetrischen Gabentausch ist die zeitliche Differenz zwischen Gabe und Gegengabe (Bourdieu, 1998). Aus ökonomischer Perspektive stellt diese Transaktion aus Sicht der Schenkenden eine klassische Investition in Vermögenswerte dar. Darunter versteht man Werte, die in Zukunft Erträge abwerfen bzw. Nutzen stiften können. Das bedeutet das Eingehen von Bindungen unter prinzipieller Unsicherheit (Zukunftsorientierung). Diese Bindungen können sachlicher, zeitlicher oder sozialer Art sein. Die Funktion von Institutionen besteht dabei nun darin, derartige, erwünschte Bindungen gegen Unsicherheit abzusichern. Ein wichtiger Beitrag zur Absicherung der Investition und gleichzeitige Konstitution des wirtschaftlichen Zusammenhalts (aus sozialer Perspektive) leistet der oben beschriebene Verpflichtungsakt der Beschenkten (AuftragnehmerIn). Die eigennutzorientierte „Opferbereitschaft" der InvestorInnen wird durch das Interesse der Beschenkten am Erfolg versöhnt.

Damit wird neben der ökonomischen Zielfunktion des Profits auch jene „soziale" Zielfunktion des Erfolges (Sozialkapital) erkennbar, die derartige Transaktionen erst ermöglicht.

Die Dynamik dieser Transaktionsform ergibt sich dadurch, dass der/die (vom/von der InvestorIn) „beschenkte" AuftragnehmerIn, um die „Demütigung" der Annahme aufzuheben und der entstandenen Verpflichtung zur Gegengabe nachzukommen, versuchen muss, sich durch ein noch größeres Geschenk zu revanchieren, d. h. es mit Zinsen zurückzuzahlen – wenn er/sie sozial und wirtschaftlich im Spiel bleiben will (Eigner/Nausner, 2003).

Diese Grundkonstellation der Tauschtransaktionen zwischen AkteurInnen kann auch auf die Binnenorganisation kollektiver AkteurInnen übertragen werden. Die eigennützig an Erfolg (z. B. Karriere) interessierten Individuen „investieren" Leistungen (Know-how) in Organisationen – in der Hoffnung auf die Erweiterung ihrer Möglichkeiten. Die kollektiven AkteurInnen (in diesem Fall Projekte etc.) ihrerseits erwirtschaften dadurch Kooperationsgewinne und sind nun verpflichtet, die MitarbeiterInnen (als „InvestorInnen") am Erfolg zu beteiligen. Dies geschieht in erfolgs- und innovationsorientierten Organisationen und Netzwerken – neben der Auszahlung von Realkapital (Leistungsentgelt, Honorar oder Lohn) – vor allem durch Schaffung und Übertragung von Sozialkapital (Reputation, Aufmerksamkeit etc.)

Der Kooperationsverbund „Projekt" bildet in diesem Zusammenhang eine temporäre strategische Einheit zur Verfolgung innovationsspezifischer Zielvorstellungen, in deren Rahmen Mitglieder des Produktionsnetzwerkes zu unterschiedlichen Zeiten, u. U. an unterschiedlichen Orten, zu unterschiedlicher Dauer und in unterschiedlichen Projektkontexten kooperativ tätig werden.

Die wesentlichsten Modi im Produktionsnetzwerk sind (Kelly, 1997; Nausner, 2000):

Produktionsmodus	→	Ko-Produktion
Handlungsmodus	→	Ko-Operation
Veränderungsmodus	→	Ko-Evolution
Konfliktlösungsmodus	→	Verhandlung

5.3.4 Beispiele für Produktionsnetzwerke

Walter W. Powell (1996) führt eine Vielzahl empirischer Beispiele für derartige Produktionsnetzwerke an. Es sollen an dieser Stelle nur einige wenige mit prinzipiellem Bezug zur eigentlichen Themenstellung referiert werden. Produktionsnetzwerke im *Handwerk* stechen dabei besonders ins Auge. Handwerkliche Aufgabenstellungen sind insgesamt projektorientiert, da viele Werke relativ einzigartig bzw. mit einem hohen Grad an Intuition, Improvisation und Experimentierfreude verbunden sind.

Neben dem *Baugewerbe* spielen erfolgsorientierte Produktionsnetzwerke auch in der *Medienbranche* traditionell eine große Rolle.

Untersuchungen zeigen zum Beispiel in der Buchindustrie (Coser/Kadushin/Powell, 1982) die Errichtung von AutorInnennetzwerken mittels spezieller, persönlicher HerausgeberInnenbeziehungen. Viele editorische Leistungen beruhen auf der Pflege und Gestaltung persönlicher Netzwerke, die sich auf wechselseitiges Vertrauen, Loyalität und Freundschaft gründen. Verlagshäuser investieren in den Erfolg ihrer AutorInnen, während umgekehrt AutorInnen vom vertrieblichen Erfolg der Verlage profitieren. Sie tun also gut daran, sich nicht wechselseitig auszubeuten, sondern auf längere Sicht, jedoch von Projekt zu Projekt aufs Neue, zu kooperieren.

Auch die *TV- und Filmindustrie* entwickelt sich auf Basis kurzfristiger Verträge im Geflecht aus Kapitalinvestitionen, Beziehungen, Erfolgen und Misserfolgen. Durch den enormen Innovationsdruck der Kulturbranchen werden Produktionsbeziehungen u. a. auch deswegen temporalisiert, um Anschlussmöglichkeiten für neue Ideen und Talente zu erzeugen. Trotz dieser selbst erzeugten Turbulenz haben Faulkner/Anderson (1987) in ihrer Analyse von 2430 amerikanischen Filmproduktionen über eine Zeitspanne von 15 Jahren herausgefunden, dass innerhalb der Produktionsnetzwerke eine beachtliche Stabilität der Beziehungen bei fast ausschließlich temporären Beschäftigungsformen herrscht. Weniger die Projekte als Kooperationsverbünde unabhängiger ProduzentInnen oder großer Studios sind dabei entscheidend, sondern die Netzwerke der TeilnehmerInnen selbst sind stabil und dauerhaft. Die zentralen Player vertrauen eben Leuten, mit denen sie in der Vergangenheit gute Erfahrungen gemacht haben, empfehlen jene weiter und warnen vor anderen. Es entstehen Produktionsnetzwerke mit einem dauerhaften Muster aus kurzfristigen Verträgen, in denen KäuferInnen von Expertise und Talent (z. B. ProduzentInnen) anhand von Konzepten und Entwürfen temporäre Kooperationsverbünde (in Form von Projekten) einrichten. Die ProduzentInnen wiederum schaffen „Projektmärkte" für InvestorInnen, auf denen u. a. mit der Reputation der (eingekauften) Beteiligten gehandelt wird (z. B. berühmte Stars, RegisseurInnen etc.). Kommerzielle Erfolge führen in der Folge zu weiteren Vertragszyklen und zu höheren individuellen Erfolgsbeteiligungen. Erfolgsorientierte Kooperationsverbünde gibt es praktisch überall dort, wo eine spezifische Art von Tätigkeiten gefragt ist: „praktische Erfahrung in der Produktion verbunden mit der strategischen Fähigkeit, neue Produkte zu schaffen […]" (Powell, in: Kenis/Schneider, 1996:232).

5.4 Voraussetzungen und Bedingungen erfolgsorientierter Kooperation
Wenn von erfolgsorientierter Kooperation die Rede ist, dann geht es vor allem um die Produktion und Verteilung sog. Kooperationsgewinne. Damit sind jene Vorteile gemeint, die für AkteurInnen im Rahmen spezifischer Interaktionen, z. B. innerhalb von Projekten, entstehen können und deren faire Verteilung gewährleistet werden muss. Dies erfordert die ökonomische Rekonstruktion jener sozialen Phänomene, die auf vielfältige Weise Auswirkungen auf den Erfolg und Misserfolg gemeinschaftlicher Vorhaben haben (Homann/Suchanek, 2000).
Grundlage des folgenden Rekonstruktionsversuches bilden handlungstheoretische Überlegungen zur Gestaltung von Anreizsituationen im Rahmen erfolgsorientierter Kooperationsformen.

5.4.1 Anreize für die Bereitschaft zur Kooperation
Anreize kann man allgemein als situationsbedingte, handlungsbestimmende Vorteilserwartungen beschreiben. Sie sind somit Gründe für AkteurInnen, ein bestimmtes Verhalten an den Tag zu legen, welches für andere erwartbar und somit kalkulierbar ist.
Die Frage lautet daher: Welche Interessen (Anreize) leiten die beteiligten AkteurInnen dazu, sich so zu verhalten, dass bestimmte Handlungsfolgen wie etwa Kooperation eintreten?
Anreize als Vorteilserwartungen können in vielfältiger Weise gestaltet werden:
- *monetäre Anreize* haben große Vorzüge, weil sie relativ leicht zu bestimmen und herzustellen sind
- *soziale Anreize* sind ebenso wichtig, in manchen Fällen sogar entscheidender als materielle Vorteile; dazu gehören etwa:
- *Reputation* ist deshalb ein gefragtes Anreizschema, weil sie nachhaltig für positive Anschlusshandlungen sorgen kann.

- *Anerkennung* (oder Geltung) von Regeln und Normen, weil deren Einhaltung erst Situationen schafft, die allen AkteurInnen bestimmte Möglichkeiten eröffnet und gleiche Ausgangsbedingungen schafft.
- *Strafen* können „Anreiz" dafür sein, eben Regeln auch dann zu befolgen, wenn deren Übertretung individuell opportun erscheint.
- *Intrinsische Motivation* (z. B. Freude an der Arbeit, Freude am gemeinsamen Erfolg) ist besonders im Rahmen von Entwicklungsvorhaben oft ein zentrales Anreizmoment.

Anreizprobleme entstehen dann, wenn Interessenskonflikte die Realisierung von Kooperationsgewinnen verhindern (z. B. wenn Erträge oder Kosten einer Handlung nicht dem Handelnden selbst, sondern anderen zugeschrieben werden).

Bei der Lösung von Anreizproblemen spielt der Begriff der „selektiven Anreize" (eine Formulierung des amerikanischen Ökonomen Mancur Olsen) eine erklärungsfördernde Rolle. Damit sind jene Anreize gemeint, deren Handlungsfolgen vom Akteur/der Akteurin selbst als nutzenstiftend wahrgenommen werden, sodass eine Rückkopplung zwischen Handlung und Handlungsfolgen möglich wird.

Es muss demnach ein Wirkungszusammenhang zwischen Aktion und Reaktion herstellbar und vermittelbar sein, um von selektiven Anreizen sprechen zu können.

5.4.2 Die Qual der (Aus-)Wahl alternativer Möglichkeiten

Zentrales Problem bei der Modellierung von Anreizsystemen besteht nun allerdings darin, dass AkteurInnen zwischen den für sie realisierbaren Alternativen stets die aus ihrer Sicht beste wählen.

Zwei Begriffe und die damit verbundenen Vorstellungen spielen beim Vergleich und somit bei der Wahl von Alternativen eine essentielle Rolle:

Die *Rente* – gemeint als „Nutzendifferenz" zwischen der erstbesten und der zweitbesten Alternative. So entstehen z. B. Kooperationsrenten durch einen zusätzlichen Nutzen, den Kooperation in einer bestimmten Konstellation gegenüber anderen erzeugt.

Alternativ- oder Opportunitätskosten – gemeint nicht als „sachzielbezogener Verzehr von Gütern" (betriebswirtschaftliche Kostendefinition), sondern als „entgangener Nutzen" der besten, nicht gewählten Alternative. Jede Entscheidung für etwas ist zugleich auch eine gegen etwas, das man nun nicht mehr realisieren kann. Es gibt aber keine Entscheidung ohne Kosten und so stellt sich die Frage, was kostet etwas im Hinblick auf nicht mehr realisierbare Möglichkeiten. In diesem Fall werden also nicht verwirklichte Ziele zur Grundlage für die Beschreibung von Kosten.

Es handelt sich oft um marginale Differenzen, die bei Kooperationsentscheidungen ausschlaggebend sind.

Diese Entscheidung wird modellhaft mit den Begriffen Grenznutzen (oder auch Grenzerlös) und Grenzkosten beschrieben. Wobei unter Grenzkosten jene Opportunitätskosten zu verstehen sind, die als Nutzenertrag der nächstbesten (nicht gewählten) Alternative bewertet werden.

Vor diesem Entscheidungsproblem steht auch jeder Akteur/jede AkteurIn, der/die sich überlegt, ob es sinnvoll ist, an einem Projekt mitzuarbeiten. Man muss dabei folgende zwei Fragen beantworten.

1. Welche Kosten (in dem Fall Grenzkosten) verursacht die Mitarbeit an diesem Projekt?

2. Welchen zusätzlichen Ertrag (oder Grenzerlös) bringt sie?

Klar ist, dass solange der Grenzerlös die Grenzkosten übersteigt, sich die Mitarbeit ökonomisch lohnt.

Das Problem allerdings bei dieser Betrachtung (sog. Marginalanalyse) ist, dass die Bestimmung des entscheidungsleitenden Grenzerlöses meist schwierig ist (etwa bei Dienstleistungen) und oft nur annäherungsweise gelingt.

Nach dem „Gesetz der fallenden Nachfragekurve" wird eine Alternative dann im geringeren Maße nachgefragt, wenn sie sich „verteuert". Damit sind nicht nur monetäre Aspekte gemeint, sondern vor allem steigende Opportunitätskosten wie z. B. kompliziertere Entwicklung eines Produktes, schlechtere Arbeitsbedingungen, größere Mobilitätsanforderungen etc. Da jeder Akteur/jede Akteurin über beschränkte Mittel zur Verfolgung seiner/ihrer Ziele verfügt (Budgetrestriktionen), werden diese zur Grundlage des sog. Einkommenseffekts, d. h. jede Verteuerung einer Alternative schmälert die Kaufkraft des individuellen Einkommens. Das führt natürlich jeweils zu einer Neubewertung von Ausweichmöglichkeiten (Substitutionseffekt), die u. U. deutlich an Attraktivität gewinnen können.

5.4.3 Investitionsverhalten

Bei der Auswahl möglicher Alternativen spielt meist auch Zeit eine spezifische Rolle. Etwa dahingehend, dass man häufig in der Gegenwart auf etwas verzichtet, um zu einem späteren Zeitpunkt ein höheres Nutzenniveau (höheren Vermögenswert) zu erzielen.

Vermögenswerte sind alles, was künftig Erträge abwerfen bzw. Nutzen stiften kann. Neben Sachkapital werden auch Human- und Sozialkapital zu Vermögenswerten gezählt. So kann man etwa durch Aus- und Weiterbildung gezielt in Humankapital investieren oder durch gesellschaftlich hochgeschätztes Verhalten seine Reputation und somit Sozialkapital steigern. Alle drei genannten Vermögenswerte können auf vielfältige Weise in Realkapital (Zahlungsmittel) umgewandelt werden, das seinerseits auch einen Vermögenswert darstellt. Ein ganz besonderer Vermögenswert ist z. B. auch Zeit. So wird etwa durch Pensionszahlungen in arbeitsfreie Zeit im Alter investiert oder durch Überstunden in längere Urlaubsaufenthalte. Nachdem heutige Handlungen immer auch künftige Handlungsmöglichkeiten mitbestimmen, sind Investitionen der zentrale Gestaltungsfaktor zukünftiger Handlungsbedingungen.

Durch das Eingehen von Bindungen entstehen bei Investitionen einseitige oder wechselseitige Abhängigkeiten, die die AkteurInnen ausbeutbar machen. Diese Bindungen sind zwar die Voraussetzung für die Erzielung spezifischer Kooperationsgewinne, aber nur wenn Ausbeutungsversuche (z. B. Nachverhandlungen) wirkungsvoll ausgeschlossen werden können.

Dies erreicht man z. B. durch (Homann/Suchanek, 2000):
– vertragliche Absicherungen, die gerichtlich durchsetzbar sind
– langfristige Vertragsbeziehungen, die kurzfristige Vorteilserwartungen durch Ausbeutung unattraktiv machen
– Mitentscheidungsrechte oder Mitbestimmungsmöglichkeiten
– Garantien (z. B. mit Strafzahlungen bei Verzug)
– leistungsfortschrittsbezogene Auszahlung der Vertragsumme etc.

5.4.4 Informationsasymmetrien

Informationsasymmetrien sind in vielen Fällen von Vorteil, z. B. in Beratungs- oder Entwicklungsbereichen, wo das Geschäft u. a. darauf beruht, dass ein Akteur/eine Akteurin besser über etwas Bescheid weiß als der/die andere.

Bei der Gewinnung von Kooperationsgewinnen gibt es allerdings zwei Formen von Informationsasymmetrien, die negative Aspekte darstellen:
1. *Problem versteckter Merkmale*: Ein uninformierter Akteur/eine uninformierte Akteurin kann nicht einschätzen, wie z. B. die Qualität einer Leistung wirklich sein wird, das weiß nur seine/ihre InteraktionspartnerIn. Der/die AnbieterIn muss nun versuchen, Signale zu setzen (Informationsaspekt) und deren Glaubwürdigkeit (Anreizaspekt) zu vermitteln, damit ein Akteur/eine Akteurin kauft oder investiert. Ein solches Signal kann z. B. ein guter Ruf sein bzw. kann Glaubwürdigkeit durch Zertifikate etc. hergestellt werden. Das Problem versteckter Merkmale

ist ein typisches ex ante Problem – d. h. es entsteht, bevor eine Interaktion eingegangen wird.

2. *Problem versteckter Handlungen*: Anders als beim Problem versteckter Merkmale tritt das Problem versteckter Handlungen meist ex post auf – d. h. nachdem die Entscheidung für eine Interaktion gefallen ist. Versteckte Handlungen bezeichnen den Umstand, dass vereinbarte Leistungen für eine oder für beide PartnerInnen vorher nicht beobachtbar sind. Dieses Problem wird in der Principal-Agent-Theorie als moralisches Risiko („moral hazard") bezeichnet und liegt vor allem darin, dass nach Abschluss von Verträgen der/die AuftragnehmerIn („agent") geringe Anreize hat, dem/der AuftraggeberIn („principal") gegenüber die vereinbarte Leistung tatsächlich in vollem Umfang zu erbringen. Die Ursache des Problems liegen auch hier in Informationsasymmetrien.

5.4.5 Anerkennung von Verfügungsrechten

Das Investitionsverhalten von AkteurInnen wird maßgeblich von Verfügungsrechten über die eigenen Ressourcen bzw. Vermögenswerte bestimmt. Dazu braucht der/die InvestorIn Sicherheit (z. B. über klare Auszahlungsregeln), dass er/sie an den Erträgen des kooperativen Vorhabens auch partizipieren kann, andernfalls wird er/sie nicht nur sein Investment reduzieren oder unterlassen, sondern sogar „Aufrüstung" zur Absicherung seiner Ansprüche betreiben (Rüstungskosten).

Das heißt, es geht immer um eine anreizkompatible Aufteilung der Erträge aus projektbezogenen erwünschten Investitionen. Aus Sicht der ProjektteilnehmerInnen handelt es sich um die Aneignung sog. *Kooperationsrenten*, während aus Auftraggebersicht sog. *Kooperationsgewinne* aufgeteilt werden. Rüstungskosten können nur durch klare Übereinkünfte hinsichtlich der Verfügungsrechte vermieden werden. Diese müssen für alle Beteiligten zustimmungsfähig und glaubwürdig (anreizkompatibel) sein.

Wenn verschiedene AkteurInnen auf gemeinsame Ressourcen oder Vermögenswerte Zugriff haben, deren Nutzung den Gesamtbestand vermindert, spricht man vom sog. *Allmendeproblem* (historischer Begriff der Nutzung gemeinsamer Weide- und Ackerflächen).

Kernprobleme dabei sind entweder „Übernutzung" und/oder „Verwahrlosung" (d. h. unterlassene Pflege, weil ja alle zugreifen können und davon profitieren). Der zentrale Lösungsvorschlag lautet: Etablierung und Absicherung von Eigentums-, Besitz- oder Nutzungsrechten. Diese Rechte stellen eine Art Rückkopplung zwischen dem Gebrauch und den Gebrauchsfolgen her und ermutigen auf diese Weise zu Investitionen, wenn z. B. Folgendes im Rahmen der Verteilung von Gütern abgesichert ist:

- deren Gebrauch
- deren Veränderung
- die Aneignung der Erträge und
- die Möglichkeit der Veräußerung

Weiters spielt auch Vertrauen in die allgemeine Anerkennung dieser Rechte eine entscheidende Rolle – es stellt als Sozialkapital einen eigenen zentralen Vermögenswert dar, der z. B. über Rechtsordnungen hergestellt wird.

5.4.6 Kooperation als Positivsummenspiel

Tausch im Sinne eines Positivsummenspiels wird dann vollzogen, wenn jeder Tauschpartner/jede Tauschpartnerin den subjektiven Eindruck hat, dabei zu gewinnen.

Die effektiven Kooperationsgewinne, die bei dieser Tauschart entstehen, beruhen auf der jeweils unterschiedlichen Wertschätzung der AkteurInnen, die in die erwarteten Erträge einfließt. Dadurch erhöht allein die Möglichkeit des Tausches bereits den Wert von Gütern (d. h. z. b. etwas auf einem Markt anbieten zu können, schafft ein spezifisches Wertbewusstsein) und führt u. U. zu Investitionen in die Werterhaltung (z. B. Aus- und Weiterbildung etc.).

Gleichzeitig steigen bei zunehmender Anzahl von TauschpartnerInnen allerdings auch die potentiellen Transaktionskosten (etwa durch PartnerInnensuche, Preisvergleich, Qualitätsprüfung, Verhandlungs- und Entscheidungskosten oder Überwachungs- und Durchsetzungsaufwände). Damit wiederum werden Vermittlungsleistungen attraktiv (HändlerInnen, MaklerInnen, SpezialistInnen), die eine Wertsteigerung durch gezielte Zusammenführung unterschiedlicher Interessen durch Senkung der Transaktionskosten produzieren.

Entscheidende Bedingung für das Funktionieren derartiger Tauschsysteme ist die Anerkennung spezifischer (Markt-)Regeln. Diese Regeln ermöglichen nämlich den *Verzicht auf gemeinsame Zielsysteme* – eine essentielle Voraussetzung für die Kooperation von AkteurInnen mit konfligierenden Interessen. Derartige Regelungen entstehen in Produktionsnetzwerken z. B. in Form von Verhaltenskodizes oder Honorarrichtlinien etc.

5.4.7 Kooperationsgewinne durch Leistungswettbewerb

Es mag fürs Erste seltsam erscheinen, Leistungswettbewerb als eine Quelle der Realisierung von Kooperationsgewinnen beschreiben zu wollen. Tatsache ist allerdings, dass Dilemmastrukturen, die im Rahmen jedes Wettbewerbs bestehen, grundsätzlich uneindeutig (ambivalent) sind (Homann/Suchanek, 2000). Sie wirken also nicht nur einschränkend, sondern auch erweiternd und somit produktiv. Entscheidender Faktor für diese Möglichkeit ist der Umstand, dass bei Leistungswettbewerb innerhalb von Produktionsnetzwerken um *Kooperationschancen* konkurriert wird.

Dabei sind immer mindestens drei AkteurInnen im Spiel: Zwei KonkurrentInnen und ein Tauschpartner/eine Tauschpartnerin (in Form des Auftraggebers/der Auftraggeberin oder Kunden/Kundin).

Der Tauschpartner/die Tauschpartnerin zwingt nun die KonkurrentInnen, ihre Leistungen so darzustellen und zu erbringen, dass diese vergleichbar (z. B. durch Preise) werden. Damit deckt der Wettbewerb einerseits Informationen über die Leistungserbringung auf und erzeugt andererseits bei den KonkurrentInnen den Anreiz, ihre Kosten zu senken.

Es kommt etwa zu Innovationen durch Wettbewerbsdruck (v. Hayeks Entdeckungsfunktion) – wobei der Anreiz darin besteht, Pioniergewinne zu erzielen. Gleichzeitig entsteht auch eine verbesserte Anpassungsfähigkeit, wobei entscheidend wirkt, dass der Anpassungsdruck objektiviert (d. h. unpersönlich – etwa durch geregelte Verfahren wie öffentliche Ausschreibungen) erfolgt.

Wettbewerb schränkt die Macht einzelner AkteurInnen drastisch ein, weil Alternativen entstehen. Dabei geht es nicht um die oft bemühte Frage nach einem Zuviel oder Zuwenig an Wettbewerb, sondern letztlich darum, unter welchen Umständen und Bedingungen dieser vonstatten geht.

Größere Kooperationsgewinne lassen sich z. B. langfristig nicht durch Monopole erzielen, sondern nur durch institutionalisierten, also geregelten und abgesicherten (Leistungs-)Wettbewerb. Dieser setzt die AkteurInnen wechselseitig unter Legitimationsdruck (Verantwortung) und entfaltet Anreize, erwünschte Leistungen zu erbringen, sowie positive Lernkurveneffekte (Produktivitätssteigerungen) zu erzielen. Voraussetzungen für erwünschten Leistungswettbewerb sind etwa (Homann/Suchanek, 2000):

– Definition und Durchsetzung von Verfügungsrechten
– Marktzutritt für alle potentiellen AnbieterInnen
– Schutz gegen „unlautere" Mittel
– Ausschluss ruinöser Konkurrenz (Billigstbieter, Lohndumping etc.)
– Vermeidung unerwünschter Nachfrage (Einsatz unerlaubter Ressourcen)

Man sieht also, dass vor allem die Marktbedingungen darüber entscheiden, ob Wettbewerb produktiv ist.

„Kein erwünschter Wettbewerb ist ‚naturwüchsig'! Naturwüchsig ist nur
das Hobbessche ‚bellum omnium contra omnes' der Krieg aller gegen alle, und der ist extrem unproduktiv." (Homann/Suchanek, 2000:176)

5.5 Projekte als effizienzorientierte Kooperationsform

Begreift man Projekte als erfolgsorientierten Kooperationsverbund von
„Unternehme(r)n", ist genau genommen von einer Organisation „zwischenbetrieblicher" Beziehungen die Rede, die unterschiedliche Ausprägungen annehmen kann.

Nicht marktorientierte Kooperationsformen wie z. B. Kartelle, sondern vor allem effizienzorientierte Kooperationsformen (wie z. B. Konsortien) sind im
Projektzusammenhang von besonderem Interesse.

Bei effizienzorientierten Kooperationsformen geht es hauptsächlich darum,
Problemlösungsrisiken einzuschränken und/oder spezifische Kooperationsgewinne zu erwirtschaften.

Drei gewichtige Gründe sprechen generell für effizienzorientierte Kooperationen (Picot/Dietl/Frank, 2002):

1. *Risikoteilung und Reduzierung von Unsicherheit*
   Besonders in Branchen mit hohem Innovationsdruck kommt es zu
   schwer vorhersehbaren, häufigen und komplexen Änderungen der jeweiligen Ausgangslage. Spezifische Investitionen in Personal und Technologie sind daher schnell entwertet und erheblich risikoreicher als in
   weniger turbulenten Bereichen. Es liegt also nahe, auch bei risikobehaf-
   teten Kernaufgaben externe PartnerInnen hinzuziehen bzw. Werkauträ-
   ge zu vergeben.

2. *Überwindung von Know-how-, Kapital- und Kapazitätsgrenzen*
   Ausreichendes Know-how bzw. spezifische Kapazitäten können für
   Entwicklungsaufgaben oft selbst nicht vorgehalten werden, weil entweder die Leistungsvolumina zu klein, zu stark schwankend und/oder die
   Problemstellungen zu unterschiedlich strukturiert sind – also von Fall
   zu Fall unterschiedliche Expertisen in unterschiedlichem Ausmaß von-
   nöten sind.

3. *Besondere Probleme der Informationsbeschaffung*
   Gerade im Rahmen von Innovationsprozessen steht die Suche nach
   wegweisenden Informationen im Mittelpunkt. Information ist ein Gut,
   das speziellen Regeln unterliegt, z. B. der, dass es kaum möglich ist, den
   Wert ex ante zu bestimmen, ohne die Information selbst preiszugeben.
   Das führt dazu, dass essentielle Informationen auf klassischen Spot-

Märkten kaum handelbar sind. Das heißt, Kooperationsvereinbarungen schaffen die Möglichkeit, in einem geschützten Rahmen Informationen auszutauschen, ohne deren Wert zu gefährden. Dazu kommen noch die mittlerweile rasanten Verbreitungsmöglichkeiten spezifischer Informationen (etwa von Know-how), was wiederum Unternehmen von deren Produktion abhält. Sie tragen sonst die vollen Kosten, können aber die Vorteile nur eingeschränkt nutzen.

Werden diese Informationen mit Kooperationspartnerinnen gemeinsam produziert, kann man sie nutzen, ohne den „vollen" Preis dafür zu bezahlen (z. B. durch Bereitstellung von Experten). Die Lerneffekte können somit, bei gleichzeitiger Verringerung der relativen Aufwendungen dafür, gesteigert werden.

5.5.1 Projekte als einfache effizienzorientierte Kooperationsformen

Picot/Dietl/Franck (2002) unterscheiden einfache effizienzorientierte Kooperationsformen von komplexen effizienzorientierten Kooperationsformen. Die Effizienz einer Kooperation wird aus Sicht der Autoren wesentlich von den Eigenschaften und Merkmalen der Ressourcen bestimmt, die in die Partnerschaft eingebracht werden. Es werden abhängige, potente und plastische Ressourcen differenziert, deren Kombination unterschiedliche Gestaltungsempfehlungen für Kooperationsformen nach sich ziehen.

Als *abhängig* wird eine Ressource dann beschrieben, wenn sie nur in Verbindung mit einer anderen Ressource eines Partners/einer Partnerin einen entsprechenden „Ertrag" erwirtschaftet.

Potent wird eine Ressource dann genannt, wenn andere Ressourcen von ihr abhängig sind (z. B. Kernkompetenzen). Diese Ressourcenart birgt die Gefahr von Erpressungsversuchen im Zeitverlauf (Hold-up-Gefahr) in sich.

Plastische Ressourcen wiederum sind jene, bei denen Art und Umfang ihrer Nutzung schwer zu beurteilen sind. Das erzeugt potentiell hohe Überwachungskosten, da die Gefahr besteht, auf Kosten anderer PartnerInnen schlechte bzw. weniger Leistungen zu erbringen (z. B. hoch spezifisches Know-how oder Fertigkeiten, komplexe Technologien etc.).

Gestaltungsempfehlungen richten sich nach den Kombinationen dieser Ressourcenarten. So wird beispielsweise ein Joint Venture für den Fall empfohlen, dass alle PartnerInnen potente und hoch plastische Ressourcen einbringen.

Picot/Dietl/Frank bezeichnen Lizenzierung, Konsortium, Kapitalbeteiligungen, langfristige Lieferverträge und Joint Venture als Formen einfacher effizienzorientierter Kooperationsformen. Im Projektzusammenhang erscheinen insbesondere Konsortium und Joint Venture interessant.

Von einem *Konsortium* (oder einer Projektgemeinschaft) ist dann die Rede, wenn für eine begrenzte Dauer eine Art Gesellschaft bürgerlichen Rechts gebildet wird – oft als Arbeitsgemeinschaft tituliert. Dabei bleiben alle Beteiligten wirtschaftlich und rechtlich selbständig (sog. Konsorten). Diese Form ist dann besonders relevant, wenn die PartnerInnen über unterschiedliche Ressourcen verfügen, die zwar hohe Kooperationsgewinne ermöglichen, gleichzeitig aber relativ leicht zu kontrollieren sind.

Ein *Joint Venture* entsteht, wenn für ein oder mehrere Projekte eine rechtlich eigenständige Gesellschaft gegründet wird (Projektunternehmen), an dem die PartnerInnen häufig zu gleichen Teilen beteiligt sind. Diese Form erscheint dann erstrebenswert, wenn verschiedene Ressourcen eingebracht werden, die schwer zu kalkulieren und zu überwachen sind. Die PartnerInnen sind nun darauf angewiesen, dass die Leistungen korrekt erbracht werden, ohne dies wirklich beurteilen zu können. Die wechselseitige Beteiligung schafft nun Anreize und Sanktionsmöglichkeiten, sodass alle PartnerInnen erfolgsorientiert agieren. Joint Ventures eignen sich besonders für hoch komplexe Vorhaben, bei denen keiner der PartnerInnen ohne den/die anderen wirklich erfolgreich sein kann (oder nur zu überdimensionalen Kosten).

5.5.2 Projekte als temporäre dynamische Netzwerke

Neben diesen sog. einfachen effizienzorientierten Kooperationsformen werden etwa Genossenschaften, Franchiseorganisationen, Keiretsu, Leverage-Buyout-Gesellschaften und dynamische Netzwerke als komplexe effizienzorientierte Kooperationsformen beschrieben (Picot/Dietl/Frank, 2002). Für die Gestaltung von Projektorganisationen kommt eigentlich nur die Form dynamischer Netzwerke in Frage.

Dynamische Netzwerke werden als Kooperationsverbund vor allem kleiner und mittelständischer Unternehmen beschrieben, die eine Verbesserung ihrer wirtschaftlichen Anpassungs- und Innovationsfähigkeit anstreben. Ein interessantes empirisches Beispiel für die Effizienz dynamischer Netzwerke ist das sog. Emilianische Modell (Powell, in: Kenis/Schneider, 1996). In der mittelitalienischen Region Emilia Romagna (Zentrum ist die Stadt Modena) ist der Anteil der in kleinen Produktionseinheiten beschäftigten Arbeitskräfte größer als im gesamten restlichen Italien. Die durchschnittliche selbständige Produktionseinheit beschäftigt weniger als 10 MitarbeiterInnen. Der große ökonomische Erfolg dieser Region beruht auf einer spezifischen Produktionslogik, die sich von klassischen unternehmerischen Organisationsformen deutlich unterscheidet.

Die kleinen Einheiten gruppieren sich in speziellen, nach Komponenten oder Produkten geordnete Zonen, in denen vor allem horizontale Transaktionen stattfinden. Produziert wird innerhalb extensiver, kollaborativer, subvertraglicher Arrangements, die jeweils von unterschiedlichen, ebenfalls kleinen Einheiten initiiert werden. Diese bevorzugen die Kooperation mit Partnerfirmen durch Vergabe von Unterverträgen anstelle einer eigenen Expansion. Mittels dieser hoch dezentral organisierten Verbünde wird eine Fülle von Konsumgütern, Maschinen und Werkzeugen hergestellt.

Eine derartige Produktionslogik kann als Antwort auf sich ständig ändernde Nachfrageformen und auf den Wunsch nach „maßgeschneiderter Konfektion" verstanden werden. Die Verfügbarkeit hoch qualifizierter, flexibler Technologien und Expertisen ist für diese Produktionsform dabei unerlässlich. Durch die projekt- bzw. auftragsbezogene temporäre Rekombinationsmöglichkeit der KooperationspartnerInnen innerhalb der Produktionsnetzwerke kleiner Einheiten sind die Betriebe dieser Region in der Lage, „neue Ideen in einer Geschwindigkeit zu verwirklichen, die in größeren Unternehmen undenkbar ist" (Powell, in: Kenis/Schneider, 1996:235).

5.5.3 Die Produktionslogik in dynamischen Netzwerken

Dynamische Produktionsnetzwerke dieser Art stellen eine wirkungsvolle Unsicherheitsbewältigung durch Spezialisierung, Konsolidierung und Diffusion dar (Picot/Dietl/Franck, 2002). Die Vorteile dieser Vernetzung fallen umso größer aus, je spezialisierter die einzelnen AkteurInnen sind. Damit diese Vorteile allerdings zutage kommen, bedarf es der gezielten, aufgabenbezogenen Koordination.

In dynamischen Netzwerken übernimmt diese Funktion eine sog. Schaltbrett-AkteurIn, der/die Kooperations- bzw. Subkontrakte abschließt, die Einhaltung der Vereinbarungen überwacht und für eine effiziente Koordination der Abläufe sorgt. Durch das „Schaltorgan" (ProduzentIn, Contractor, GeneralunternehmerIn, Impresario, ProjektleiterIn etc.) werden „Unternehmen auf Zeit" geschaffen, die flexibel und transaktionskostensenkend agieren können und gleichzeitig wettbewerbliche Leistungsanreize erhalten. Da in der Regel jeder Schaltbrett-Akteur/jede Schaltbrett-Akteurin sich seine TransaktionspartnerInnen aussuchen kann, entstehen gleichzeitig kooperationsbedingte wettbewerbliche Vorteile.

„Die Gefahr unkooperativen Verhaltens bleibt auf Grund der intensiven wechselseitigen Abhängigkeit zwischen den Netzwerkmitgliedern relativ

gering. Jedes Unternehmen riskiert ebenso wie das Schaltorgan den Ver-
lust seiner Reputation." (Picot/Dietl/Franck, 2002:208)

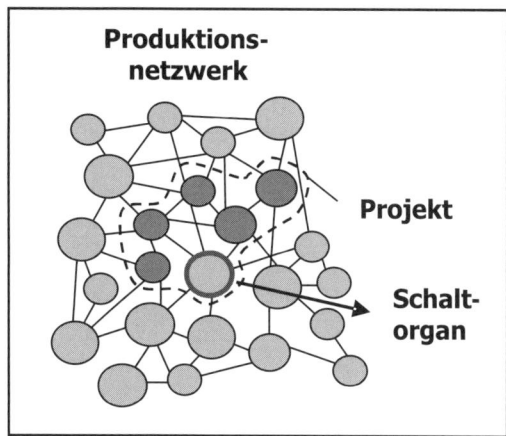

Abb. 14: Produktionsnetzwerk mit Schaltorgan

In fortgeschrittenen, dynamischen Netzwerken, wie jenen der Emilia Romagna, wird jedes Unternehmen, das einen Auftrag akquiriert (oder ein Projekt fi-
nanzieren kann) zum Schaltbrett-Akteur und koordiniert die angeheuerten
Netzwerkpartner. Ersetzt man den Begriff Netzwerkunternehmen mit den Begriffen Fachkraft, SpezialistIn, ExpertIn, Selbständige oder Manager; wird
deutlich, dass sich diese Produktionslogik dynamischer Netzwerke auch auf
unternehmensinterne Projektkontexte prinzipiell anwenden lässt. In diesem
Fall übernehmen die Rolle des „Schaltbrett-Unternehmers" die jeweiligen Pro-
jektleiterInnen, die aus den firmeninternen „Produktionsnetzwerken" (Abteilungen, Organen etc.) temporäre unternehmerische Einheiten bilden. So kann
die Flexibilität und Innovationskraft einer „Unternehmensgründung" in Form
des Projektes innerhalb eines bestehenden Unternehmens der eigenen Erneuerung dienen.

5.5.4 Kernkompetenzen in dynamischen Netzwerken
Betrachtet man dynamische Netzwerke nicht nur als Kooperationsverbund,
sondern als temporäre Unternehmensform, stellt sich u. a. die Frage nach den
Kernkompetenzen völlig neu. Nach der „Theorie der Kernkompetenzen" (Pra-
halad/Hamel, 1990) stellen diese die wesentlichen technischen, technologi-

schen, vertrieblichen und organisatorischen Fähigkeiten eines Unternehmens dar. Diese müssen durch Komplementärkompetenzen ergänzt werden, was z. B. durch Kooperationen gelingen kann. Sog. Peripheriekompetenzen – also solche von geringer strategischer Bedeutung – können ohne Wettbewerbsnachteile kurzfristig zugekauft werden.

Hinter dieser Theorie steht die Annahme, dass eine zu große Leistungstiefe innerhalb der Unternehmung zu viel wertvolle Kapazitäten bindet und damit die Flexibilität im Wettbewerb einschränkt.

Dynamische Netzwerke als temporäre Unternehmen in Projektform sind so gesehen eine radikale Antwort auf diese Problemstellung. Genau genommen werden darin nur „Kernkompetenzen" gebündelt, die für spezielle Aufgabenstellungen – die Produktion von Innovationen und Unikaten – benötigt werden. Jeder Akteur/jede Akteurin bringt seine/ihre Kernkompetenzen ein (Spezialisierung). Dadurch entsteht im besten Fall eine jeweils optimale unternehmerische Konfiguration von Fertigkeiten und Fähigkeiten, die nicht von einzelnen kollektiven AkteurInnen aufwändig vorgehalten werden müssen, sondern innerhalb von Produktionsnetzwerken projektbezogen gebündelt werden.

Im Sinne der bisherigen Ausführungen werden Projekte deshalb unter ökonomischer Perspektive als erfolgs- und effizienzorientierte Kooperationsverbünde innerhalb dynamischer Produktionsnetzwerke definiert.

5.6 Projekte als „Entrepreneurial Cluster"

Philipp N. Baecker und Ulrich Hommel (2005) schlagen aufbauend auf Arbeiten von Rajan/Zingales (1998, 2001) jüngst eine komplementäre Sichtweise der Unternehmung vor, die recht gut zum Themenkreis Projekte als temporäre Unternehmen passt.

MitarbeiterInnen sind – nach Meinung der Autoren – UnternehmerInnen, die unter alternativen Verwendungen ihres Humankapitals wählen. Entscheidungsgrundlage bildet nun die zu erwartende Rendite des eingesetzten Human- und Sozialkapitals (Arbeitskraft, Reputation etc.), die von dem erkennbaren Wert im Netzwerk des Unternehmens bestimmt wird.

Dieses Netzwerk bezeichnen Baecker/Hommel als „Entrepreneurial Cluster". Unternehmensgrenzen spielen nach dieser Auffassung sowohl ökonomisch als auch strategisch eine untergeordnete Rolle. Sie gelangen deshalb zu dem Schluss, die Theorie des Unternehmens als Theorie alternativer, nicht marktlicher Allokations- und Distributionsmechanismen darstellen zu können – eine

Sichtweise, die direkt an die Beschreibung dynamischer Netzwerke anknüpft. Die Unternehmung vermittelt in diesem Sinne zwischen den widerstreitenden Interessen, die mittels spezieller Investitionen (vgl. 5.5.4 Kernkompetenzen in dynamischen Netzwerken) das Ziel einer gemeinsamen, wirtschaftlich erfolgreichen Tätigkeit anstreben. Das Netzwerk spezifischer, nicht durch Markttransaktionen integrierbarer Investitionen, das in diesem Fall die Unternehmung repräsentiert, generiert substantiellen Wert hauptsächlich durch die Nutzung spezifischer Ressourcen weit über die jeweiligen Unternehmensgrenzen hinaus (Rajan/Zingales, 1998).

Dieses Argument greift vor allem im Innovationszusammenhang, wo die im Grunde projektnotwendige unternehmerische aktive Rolle aller Beteiligten und das von ihnen getragene hohe persönliche Erfolgsrisiko eine gleichberechtigte Stellung neben den EigenkapitalgeberInnen (AuftraggeberInnen) nahe legt.

5.6.1 Projekte als Knotenpunkt von Investitionen

Rajan/Zingales definieren dementsprechend die Unternehmung sehr breit als „Knotenpunkt spezifischer Investitionen" („nexus of specific investments") – d. h. als eine Kombination wechselseitig spezialisierter Vermögensgegenstände und Individuen.

Auf Projekte als temporäre Unternehmen bezogen kann man nun festhalten, dass das Geflecht spezifischer Investitionen (dynamisches Netzwerk) nicht ohne weiteres replizierbar durch den Markt oder andere Unternehmen ist. Das liegt vor allem daran, dass das „Alleinstellungsmerkmal" in der genuin einzigartigen Aufgabenstellung der Projekte besteht. Projekte sind insofern auch im Sinne Baecker/Hommels als Entrepreneurial Cluster und damit als spezifische Unternehmensform zur Produktion von Innovationen interpretierbar.

5.6.2 Macht und Eigentum im Entrepreneurial Cluster

Diese hinzugewonnene Macht der „Humankapitalgeber" führt zu einer Desintegration, d. h. zu einer Enthierarchisierung der Unternehmung. Innerhalb von Projekten in dynamischen Netzwerken sind sowohl Macht als auch Rechte oft fast gleichförmig verteilt. Die kooperative Struktur von Projekten begünstigt den Erwerb von Macht und Kontrollrechten, die losgelöst von Eigenkapital bestehen. Gleichzeitig muss aber auch eine zu starke Zersplitterung von Macht durch entsprechende Verträge vermieden werden, weil sie einer effizienten und effektiven Verfolgung gemeinsamer Interessen paradoxerweise im Wege steht.

Der/die Schaltbrett-UnternehmerIn eines Projektes innerhalb dynamischer Netzwerke oder Entrepreneurial Clusters bedarf nicht notwendigerweise Eigentumsrechte an Ressourcen. Er/Sie kann auch Macht durch die Selektion von PartnerInnen ausüben, die an seinen/ihren Projekten Beteiligung finden. Das untrennbar mit einer Person verbundene Humankapital wird durch komplementäre Spezialisierung gebunden. Motiviert wird diese Spezialisierung durch Aussicht auf Beteiligung an diversen Renten und durch die Delegation von Gestaltungsmacht in Form von Kontrollrechten über die eigene Arbeit (Baecker/Hommel, 2005).

Im Endergebnis wird das Netzwerk damit selbst zur kritischen Ressource, zum mobilen, organisatorischen „Kapital" von Projekten als temporäre Unternehmen.

5.7 Zusammenfassung

1. Rekonstruiert man Projekte als temporäre Unternehmen, entsteht das Bild eines Unternehmenstypus, der sich als Verbund erfolgsorientierter „unternehmerischer" AkteurInnen definieren lässt.
2. Die Basis dieser Kooperationsverbünde sind Produktionsnetzwerke, die als eigenständige Koordinationsform ökonomischer Aktivitäten im Unterschied zu Markt und Hierarchie Anwendung finden.
3. Rationalität in Netzwerken manifestiert sich nicht in Eigennutzmaximierung, sondern in der Entwicklung von Vorteilen für alle Netzwerkbeteiligten auf Basis von Vertrauen, Zugehörigkeit und Gegenseitigkeit.
4. Verbundenheit wird in Produktionsnetzwerken und Projekten durch eine asymmetrische Tauschlogik erzeugt (Gabentausch), bei dem durch ein Investment (Gabe) die zeitversetzte Verpflichtung zur Erbringung eines Werkes plus Erfolgsbeteiligung (Gegengabe) entsteht. Die eigennutzorientierte „Opferbereitschaft" von InvestorInnen wird durch das Interesse der „Beschenkten" am Erfolg versöhnt.
5. Voraussetzungen und Bedingungen erfolgsorientierter Kooperation sind die Entwicklung von Anreizen (monetäre und soziale), die Eindämmung attraktiver Alternativen, die Absicherung von Investitionen, die Überwindung von Informationsasymmetrien, die wechselseitige Anerkennung von Verfügungsrechten und ein fairer Leistungswettbewerb.

6. Für effizienzorientierte Kooperationsformen (z. B. Konsortium oder Joint Venture) sprechen im Projektkontext vor allem drei Gründe: Risikoteilung und Reduzierung von Unsicherheit, Überwindung von Know-how-, Kapital- und Kapazitätsgrenzen, Probleme der Informationsbeschaffung.

7. Eine auftragsbezogene flexible Kombinationsmöglichkeit potentieller ProjektakteurInnen entsteht durch die Ausbildung temporärer dynamischer Kooperationsnetzwerke (Projekte) innerhalb größerer Produktionsgemeinschaften aus selbständigen AkteurInnen. Dabei nehmen zentrale AkteurInnen die Rolle eines sog. Schaltorgans ein, um das sich Projekte in Form von Unternehmen auf Zeit mit wechselnden KooperationspartnerInnen bilden.

8. Projekte als temporäre Unternehmen bündeln „Kernkompetenzen" nur für vorübergehende Aufgabenstellungen. So entsteht von Fall zu Fall eine jeweils optimale unternehmerische Konfiguration von Fertigkeiten und Fähigkeiten, die nicht selbst vorgehalten werden müssen, sondern aus Produktionsnetzwerken selektiert werden können.

9. Unter der Perspektive von Projekten als „Entrepreneurial Cluster" werden diese als Knotenpunkt von Investitionen („nexus of specific investments") aller Beteiligten im Rahmen der Produktion von Innovation interpretiert.

10. Wissens-, Know-how-Transfer und die fortlaufende Adaption von Vorgehensweisen und Strukturen an veränderte Rahmenbedingungen verlagert sich aus den Organisationen auf AkteurInnen in Produktionsnetzwerken und begünstigt den Erwerb von Macht und Kontrollrechten in Projektkontexten auch losgelöst von Eigenkapital und Eigentumsrechten.

6 Projektökologien

6.1 Einführung

Der Wirtschaftsgeograf und Sozioökonom Gernot Grabher (2002, 2004) hat für den sozialen Raum temporärer Projektorganisation den Begriff „Projektökologie" geprägt. Er versteht Projekte als eine heterarchische (dezentralisierte) Form der sozialen Organisation, in der Transdisziplinarität, Heterogenität und Phasenübergänge den Produktionsmechanismus prägen. Sein Ansatz gehört zu jenem wirtschaftsgeografischen Theoriekanon, der davon ausgeht, dass ökonomische Prozesse nicht zwischen isolierten AkteurInnen, sondern innerhalb beständiger Systeme sozialer Beziehungen stattfinden. Diese Denkrichtung spiegelt sich in folgenden Sichtweisen wider: in der institutionalistischen Sichtweise, die Organisationen als Regelsysteme auffasst; in der Netzwerkperspektive, die Organisationen in Systeme reziproker Beziehungsgeflechte eingebettet sieht; in jener der lernenden Organisation innerhalb lernender Regionen; im diskursiven Ansatz, der Organisationen im Diskurs des Managements sieht, in dem es um die Verteilung von Information, Wissen, Macht, etc. geht, sowie im Konzept der „temporären Koalition", wonach Organisationen als vorübergehende „Vereinigungen" vernetzter AkteurInnen definiert werden.

Aus der Perspektive der Projektökologie verschiebt sich der Blickwinkel weg vom isolierten Einzelprojekt hin zur sozialen, räumlichen, organisatorischen sowie institutionellen Einbettung ganzer Projektkulissen in vielfältige gesellschaftliche Kontexte. Untersucht werden u. a. die vielfältigen Interdependenzen zwischen Projekten als temporäre Organisationen und den permanenten Organisationen, die als Quellen von Information, Legitimation und Reputation dienen. Grabher liefert mit seinen empirischen Studien über die Münchner Softwarebranche und die Londoner Werbeindustrie ebenso wie DeFillippi/Arthur (1998) über die amerikanische Independent Filmindustrie eine Reihe interessanter Erkenntnisse zu einem umfassenderen Verständnis des Phänomens „Projekt".

Projekte stehen nicht für sich allein, sondern in Beziehung zu vielen Kontexten (z. B. Anspruchsgruppen). Freelancer (Freiberufliche Fachkräfte), SpezialistInnenteams, Unternehmen und Branchencluster stellen eine Art soziale und rühmliche Konfiguration für Kooperationen auf Projektebene dar. Projekte werden vor allem in innovativen, kreativen Branchen von einer integrativen Führungspersönlichkeit getragen (ProjektentwicklerInnen, ProduzentInnen, ForscherInnen etc.). Zusammen mit ExpertInnen, Fachkräften und SpezialistInnen stellen sie in ihrer Gesamtheit jeweils eine professionelle Ökologie projektbasierten Wirtschaftens dar. Diese Führungspersönlichkeiten repräsentieren auch die Machtpositionen innerhalb des Systems – Macht wird allerdings im Projektkontext weniger im hierarchischen Modus, sondern eher über informelle Führungscodes und/oder Vertragspositionen ausgeübt (vgl. 7.3 Formen der Führung – Instrumente und Methoden).

Projekte kämpfen entgegen den Theorien des strategischen Managements nicht ums dauerhafte „Überleben", schaffen keine Organisation für die Zukunft und können trotzdem das Rückgrat ganzer Branchen bilden, wie z. B. innerhalb der Filmindustrie (DeFillippi/Arthur, 1998).

6.2 Die Bedeutung von Netzwerken

Projekte sind eingebettet in „Layers" (Schichten) aus unterschiedlich verknüpften Netzwerken, Lokalitäten und Institutionen. Diese Schichten stellen die Schlüsselressourcen (soziale Infrastruktur) für Projektarbeit bereit. Netzwerke sind im Projektzusammenhang die entscheidende Basis für Kooperationen. Grabher (2002) unterscheidet im Rahmen einer vergleichenden Untersuchung drei Netzwerktypen:

– Communality (Gemeinschaft)
– Sociality (Gesellschaft)
– Connectivity (Verbund)

Die *Communality* baut auf dauerhafte, vertrauensvolle und intensive Bindungen auf. Der Kommunikationsmodus ist sowohl privat als auch beruflich ausgerichtet. Man teilt bestimmte Überzeugungen und greift auf ähnliche Erfahrungen und Wissen zurück. Die Verankerung der Individuen ist hoch, der soziale Fokus ist beziehungsorientiert und die soziale Praxis ist gekennzeichnet durchs „Dazugehören". Die sozialräumliche Einordnung erfolgt unter dem Begriff Nachbarschaft.

Sociality ist gekennzeichnet durch regelorientierte, vorübergehende, aber durchaus intensive Bindungen. Im Vordergrund steht das berufliche Interesse – die individuelle Verankerung ist moderat gestaltet und reputationsgesteuert. Der Fokus liegt auf Wissensaustausch und Karriereentwicklung, d. h. auf einem instrumentellen Charakter der Beziehungen. In diesem Netzwerktypus entstehen neue Ideen und werden neue Kontakte gesucht – alles Merkmale von Produktionsnetzwerken. „In-Sein" lautet die Devise. Laut Grabher ist die passende sozialräumliche Metapher dafür die Stadt.

Der *Connectivity* zeichnet sich durch kurze, wenig intensive und vorübergehende Kontakte aus. Das Interesse liegt hauptsächlich im professionellen Austausch von Informationen, Know-how und Leistungen. Die Beziehungen sind aufgabenorientiert, häufig virtuell, wichtig ist vor allem die Transparenz der

Beziehungen. Die Verankerung im Verbund ist eher niedrig – man klinkt sich ein, von Fall zu Fall.

Aus diesem Blickwinkel wird Projektorganisation im Folgenden als Kooperationsverbund innerhalb von Gemeinschaften und Gesellschaften (Produktionsnetzwerken) und in spezifischen Projektökologien verstanden.

Networking
Networking ist das „Mantra" der Projektökologie (Sennett, 1998). Es beseitigt in gewisser Weise die Unterscheidung zwischen beruflichen und privaten Kontexten. Durch Networking entstehen u. a. Räume der professionellen Sozialisation – etwa zum Aufbau von Karrieren oder für die Positionierung auf Projektarbeitsmärkten. Es verbindet unterschiedliche soziale und kommunikative Logiken, verschiedene Zeitskalen und verschiedene Modi der Interaktion. Networking ist mehr als Beziehungspflege, es umfasst die aktive Gestaltung sozialer Räume für die Entwicklung zielgerichteter Kooperationen. Networking dient vor allem der Evolution von Kooperationen zwischen erfolgs- und eigennutzorientierten AkteurInnen (Axelrod, 1988).

Da Netzwerke oftmals in spezielle industrielle Distrikte, innovative Milieus oder sog. lernende Regionen – in jüngster Zeit als sog. Cluster bekannt geworden – eingebettet sind, entwickeln sich organisatorische Knoten als Treffpunkte für Mitglieder, die neben dem Networking auch dem Know-how-Transfer dienen.

Daran schließt die essentielle Frage an, wie nämlich das Wissen in und für Projekte (als temporäre Organisation) bereitgestellt werden kann.

„How can a project-based enterprise accumulate its core competencies when it rents all its human capital? How can project-based enterprises create competitive advantage when its knowledge-based resources are embodied in highly mobile project participants?" (DeFillippi/Arthur, 1998:125)

6.3 Lernen in unterschiedlichen Projektökologien
Zunächst einmal zeigt sich, dass Lernen längst nicht mehr innerhalb einer quasi „rigiden" Hülle von Unternehmen stattfindet, sondern – vor allem in innovativen Bereichen – im Kontext von Projekten erfolgt (Grabher, 2004).

In der Filmindustrie ist das entscheidende Merkmal der Nachwuchspflege „learning by watching" – man arbeitet sich etwa als AssistentIn von Spitzenkräften nach oben. Wobei die wichtigste Junior-Rolle die des sog. Runners („Mädchen für alles") ist. So lernt man praktisch von der „Pike auf" die komplexen Strukturen und oft chaotischen Situationen kennen und kann beobachten, welche Strategien für die Problembewältigung am besten sind: „You make of it, what you can […] you watch and learn […] you're working with great people." (DeFillippi/Arthur, 1998:132)

Wenn z. B. Freelancer der Filmindustrie von Projekt zu Projekt ziehen, dann bewegt sich ihr gesamtes Wissen mit ihnen – zum Vorteil des jeweils neuen Arbeitgebers und der neuen KollegInnen. Die MitarbeiterInnen lernen in den Projekten („action learning") voneinander und miteinander, quasi für die ganze Branche. Eine interessante Rolle spielen dabei die jeweiligen Production-Offices (vgl. 7.3.3.3 Projektbüro), die eine wichtige Wissensmanagementfunktion haben. Sie sind Kristallisationspunkte von Netzwerken und Zentren der Informationflüsse zwischen den Beteiligten. Hier wird transdisziplinär kommuniziert, Know-how ausgetauscht und es werden gemeinsam Probleme gelöst. Im Production-Office laufen alle Fäden zusammen, es ist die eigentliche „Home-Base" und professionelle Drehscheibe aller Filmprojekte (Ludwin, 2004).

Das alles bildet ein System aus vielen Lernplattformen (Projekten), die in Netzwerke (Communities) eingebettet sind. Die Netzwerke entwickeln eine Art „theory-in-use" (Argyris/Schön, 1978:12) und funktionieren als übergeordnete Wissensumgebung, in der die Praxis reflektiert wird (Vereinigungen, Zeitschriften, Workshops, Symposien, Messen etc.) und sich Firmen sowie Individuen weiterentwickeln. Aus dieser Sicht sind Netzwerke „Distinctive-Knowledge-Communities" (Ludwin, 2004:12). Dabei entstehen in vielen Branchen Standardvorgehensweisen und Verfahrensrichtlinien, die es den Beteiligten ermöglichen, sich rasch überall zurechtzufinden und einzuklinken.

Eine wichtige Rolle spielen auch sog. ExpertInnenkulturen innerhalb von Fachbereichen, in denen hoch spezialisierte Kräfte ihr Wissen in einer Art Lehrling-Meister-Verhältnis weitergeben.

„Learning by switching", d. h. von Projekt zu Projekt (auch von Firma zu Firma) führt zu einer Zirkulation von Know-how, das praktisch dem gesamten Branchencluster zur Verfügung steht, ohne dass die einzelnen Organisationen oder Firmen den vollen Preis für die Produktion dieses Wissens bezahlen müssten (vgl. 5.3 Produktionsnetzwerke als Basis von Kooperationsverbünden)

Im Rahmen der Softwareindustrie (am Beispiel des Softwareclusters München) existieren als Schlüsselformen des projektorientierten Lernens Akkumulation und Modularisation von Wissen. Es sind vor allem kreative Lösungen unter Verwendung möglichst erprobter Module gefragt, mit dem Ziel der ständigen Optimierung und Verbesserung.

Die Werbeindustrie (am Beispiel des Londoner Werbeclusters) und ähnlich auch die Filmindustrie setzen im Gegensatz dazu nicht auf *„Economies of re-*

petition", sondern auf *„Economies of recombination"* (Davis/Brady, 2000). Ziel dieser Ökonomie ist die Erzielung von Neuigkeitswerten an sich – d. h. die Problemlösung selbst muss möglichst innovativ sein. Sie kann dann zwar in verschiedenen ähnlichen Projekten ihren Niederschlag finden (als Mode), aber immer in möglichst abgewandelter Form.

„Economics of repetition" können so gesehen am besten durch den kreativen Einsatz von „Modulbibliotheken" erzielt werden, während „Economics of recombination" auf neue Talente oder originelle Ansätze setzen.

Im Grunde finden bei einer effizienten Produktion von Innovationen wahrscheinlich stets beide Vorgehensmodelle, wenn auch in unterschiedlicher Ausprägung, Anwendung.

Während in der Softwareökologie ein kreatives Klima relativer Ordnung und Kohärenz vorherrscht, produziert die Werbe- und Filmbranche in einer turbulenten, originalitätsfixierten und improvisationsgeprägten Atmosphäre. Es sind dies zwei unterschiedliche Erkenntnisgemeinschaften (Knorr-Cetina, 2002b), die im Wesentlichen zwei Pole des Produzierens und Lernens im Rahmen von Projektökologien darstellen.

6.4 Core-Teams

Projekte gruppieren sich stets um sog. Core-Teams (Kern-Teams), d. h. um Gruppen von Personen, die ein spezifisches, professionelles Ethos und eine spezielle Form der Projektlogik verkörpern (DeFillippi/Arthur, 1998). Wobei die primäre Logik der „Core-Teams" das Problemlösungsservice für den/die AuftraggeberIn umfasst. Dazu gehört neben der Planung auch die Einhaltung von Zeitlimits und Budgets.

Die Mitglieder von „Core-Teams" (z. B. Producer, Art-Director, ProjektentwicklerIn etc.) müssen in erster Linie das Problem der sog. kognitiven Distanz zwischen den verschiedenen Beteiligten managen können. Innerhalb der Softwareökologie gelingt dieser Schritt hauptsächlich durch den Wechsel von Rollen, die nicht sehr stark ausgeprägt sind und zwischen denen kurze kognitive Distanzen liegen. Das heißt, als Softwareexperte/Softwareexpertin ist man üblicherweise in vielen unterschiedlichen Bereichen einsetzbar und trainiert so mannigfaltige Problemlösungsschritte. Man teilt sein Wissen in Communities, die umgekehrt für die Lösung eigener Fragestellungen offen sind.

Die Werbeökologie differenziert in sich ausgeprägtere Rollen mit größeren kognitiven Distanzen aus, die nicht ohne weiteres überwunden werden können. Das hängt u. a. am speziellen Charakter des kreativen Inputs. Die Beteiligten haben zum Teil völlig unterschiedliche Bildungshintergründe und pflegen ihr

Image als „IndividualistInnen". Der persönliche Stil, der persönliche Zugang etc. prägen die Ausgestaltung diverser Rollen. Professionalität wird dabei häufig über Mitgliedschaften in Berufs- bzw. Interessenverbänden signalisiert. Ähnlich ist die Lage in der Filmindustrie, wobei hier eine größere Flexibilität beim Wechsel in andere Fachbereiche (und Rollen) vorherrscht.

6.5 Gestaltung von Produktionsbeziehungen

Die institutionelle Ausgestaltung von Produktionsbeziehungen im Projektkontext lässt sich recht gut am Beispiel der (Londoner) Werbebranche (Grabher, 2002) und am Beispiel der Independent Filmindustrie (DeFillppi/Arthur, 1998) aufzeigen.

Das sog. Account Team der Werbewirtschaft besteht in der Regel aus drei Funktionen: Projektmanagement, Kontaktern (Development) sowie Kreativen. Dieses „Core Team" managt im Wesentlichen die einzelnen Projekte innerhalb von Agenturen. Der Account-Manager repräsentiert den Auftraggeber des Projektes, der Developer repräsentiert die eigentlichen NutzerInnen (KundInnen) und das Art Department den innovativen, kreativen Part.

In der Filmbranche werden diese Funktionen vom Produzenten/der Produzentin, vom/von der Herstellungs- oder ProduktionsleiterIn sowie vom Regisseur/der Regisseurin repräsentiert. Ähnlich ist es z. B. auch in der Bauwirtschaft, wo BauleiterIn, TechnikerIn und ArchitektIn diese Konstellation verkörpern.

6.5.1 Das Zusammenspiel verschiedener Logiken

Die dahinter liegenden Logiken („business logic", „scientific logic" und „artistic logic") kulminieren in systeminhärenten Interessenkonflikten, die im Projektverlauf ständig verhandelt werden müssen. Diese unterschiedlichen Sichtweisen und professionellen Zugänge bilden eine Art konflikt- und krisengesteuertes Antriebsaggregat für die Produktion von Innovationen und Unikaten.

Die permanente Konfrontation der unterschiedlichen Logiken erzeugt ein bewusst herbeigeführtes Klima der Rivalität um Ressourcen, Macht und Aufmerksamkeit – alles nur, um die kreativen Herausforderungen zu meistern. Limitierung von Zeit, Ressourcen und Beteiligungsmöglichkeiten sind Gegenmittel zur Verhinderung eingefahrener Muster und Praktiken. Konkurrenz, Konflikte und Krisen werden im Rahmen der Projektökologie bewusst erzeugt und in „zivilisierter" Form für die komplexe Produktion von Innovationen eingesetzt. Es wird damit ganz im Sinne Georges Batailles (1985) ein „Klima der funktionalen Verausgabung" geschaffen, welches für das Überschreiten von

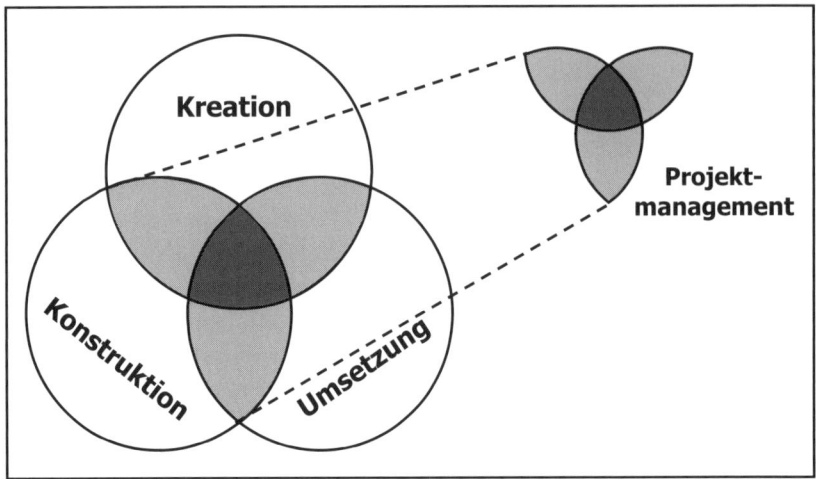

Abb. 15: Kernbereiche der Koordination unterschiedlicher Logiken

individuellen, kollektiven und institutionellen Grenzen und damit zur Erweiterung von Möglichkeiten unabdingbar ist.

6.5.2 Beziehungs- und Kommunikationsmuster

Die Beziehungen zwischen AuftraggeberIn und Projektmanagement sind einerseits geprägt von Vertragsbedingungen und andererseits von einer Art Übersetzungsverhältnis.

Der Manager/die Managerin übersetzt demzufolge die Anliegen des Auftraggebers/der Auftraggeberin für den Projektkontext. Das bedeutet aber auch, dass das Management sich sehr stark mit den Auftraggeberinteressen identifizieren muss, um innerhalb des Projektes dafür erfolgreich kämpfen zu können. Andererseits muss es aber auch die professionellen Ansichten der Projektbeteiligten dem Auftraggeber gegenüber kommunizieren (übersetzen). Und das heißt in manchen Fällen, den Auftraggeber/die Auftraggeberin zu „erziehen", d. h. in bestimmtem Umfang eine Änderung der Erwartungen und Vorstellungen herbeizuführen. Das erfordert meist ein relativ ausgeprägtes Vertrauensverhältnis, sind doch gerade in dieser Branche vielfach Geschmacks- und Modefragen bestimmend.

Ganz generell kann man aus der Studie über die Londoner Werbebranche schließen, dass Projekte aus Sicht der Agentur eher *für* den Auftraggeber/die

Auftraggeberin als *mit* dem Auftraggeber/der Auftraggeberin entwickelt werden.

Die Beziehungen zwischen dem Kreativmanagement (Art-Department, RegisseurIn, ProduzentIn) und den professionellen Kreativen (meist Freelancer) sind geprägt von Ad-hoc-Kontakten und Improvisationen innerhalb persönlicher Netzwerke.

Die Zusammenarbeit zwischen den kreativen AkteurInnen, den EntwicklerInnen und dem Produktions-Staff ist also ein entscheidender Erfolgsfaktor jeder Projektarbeit. Wichtig ist dabei vor allem der permanente Dialog zwischen diesen Gruppen. Nur so können die kreativen Ambitionen kalibriert und an den Budgetrahmen rückgebunden werden, ohne den Erfolg des Projektes zu schmälern.

Die Steuerung der Kreativbeziehungen innerhalb von Werbe- und Filmindustrieprojekten erinnert an Praktiken der Jazz-Improvisation zur Maximierung der Variationsmöglichkeiten. Eine Gruppe von exzellenten SolistInnen arbeitet gemeinsam an einem „Thema", wobei jeder und jede seine besten Fähigkeiten als SolistIn einbringt und gleichzeitig auch alle anderen bei deren Solis unterstützt. Dabei wird das Thema ständig variiert, umkreist, neu interpretiert, bis an die Grenzen der Verständlichkeit ausgereizt, zerlegt und in neuer, innovativer Form zusammengesetzt. Die SpielerInnen musizieren in verschiedenen Formationen innerhalb eines Netzwerkes von VeranstalterInnen, Bandleadern, ProduzentInnen, Labels und MusikerInnen unterschiedlicher Richtungen. Grabher zitiert einen Art-Director mit folgenden Worten: „You work with your favorite [...] but you also try new people, because of new ideas, new approaches [...] you look for freshness." (Grabher, 2002:252)

Etwas anders gestaltet sich das Zusammenspiel mit SpezialistInnen und ExpertInnen, die weniger Kreation, sondern spezielle Techniken oder technisch/organisatorisches Know-how einbringen. Man kann es, um mit Grabher im musikalischen Analogiefeld zu bleiben, mit der eher hierarchischen Zusammenarbeit innerhalb eines Orchesters vergleichen. Die Partitur ist der Plan, der/die DirigentIn (AccountplanerIn, RegisseurIn, ProduzentIn) gibt den Einsatz (Takt) vor und die professionellen MusikerInnen bringen ihr Bestes ein. Es geht dabei vor allem um das Timing, um den richtigen Ton, um die perfekte Abstimmung mit allen anderen MitspielerInnen in jedem Augenblick des Geschehens. Der Spielraum des/der Einzelnen ist enger gesteckt als im Fall der Kreativen, aber die Professionalität und Beherrschung des Faches ist die gleiche. Außerdem spielen auch im Orchester potentielle SolistInnen mit, die sich allerdings einer bestimmten Interpretation des Themas unterordnen müssen (vgl. 7.3 Formen der Führung – Instrumente und Methoden).

6.5.3 Co-Locations und Communities

Eine weitere interessante Erkenntnis aus der Untersuchung der Londoner Wer-
beszene und der amerikanischen Filmindustrie ist die, dass Projektnetzwerke
oft mit einer lokalen Konzentration von SpezialistInnen, ExpertInnen und Ser-
viceeinrichtungen einhergehen. Je unbeständiger und unvorhersehbar die
Projektlandschaft einer Branche strukturiert ist, desto wichtiger wird die „Co-
Location" (Grabher, 2002; DeFillippi/Arthur, 1998) von potentiellen ProjektpartnerInnen. In diesen Branchen-„Villages" entstehen eigenständige Verhal-
tensformen, eine spezifische, pulsierende Atmosphäre der Zusammenarbeit
und des „Cross-Project-Learnings".

Ein Regisseur beantwortete die Frage, was er an dem Londoner Stadtteil Soho
am meisten vermissen würde, wenn er weggehen müsste, folgendermaßen:
„The pace […] there is a certain pace here, things move incredibly fast" (Grabher, 2002:254).

In diesen Communities der Co-Location wird eine bestimmte Art von „Rau-
schen" erzeugt, das von den Netzwerkmitgliedern in spezifische Signale und
Codes transformiert werden kann. Es entstehen spezielle Sprachregelungen,
Dresscodes und Ähnliches mehr – mit einem Wort, es entsteht so etwas wie ein
bestimmter Habitus (Bourdieu, 1998). Man kann diesen Habitus als Sinn für
ein bestimmtes „Spiel" verstehen – es im Blut haben bzw. das Spiel verkörpern können. Damit wird Wahrnehmung und Handeln in spezifischer Weise
sozial strukturiert. Am Habitus erkennt sich das Netzwerk selbst, können sich
die Mitglieder identifizieren und zum Gegenstand eigener Beobachtung und
Entwicklung machen.

In diesen Projekt-Communities entwickeln sich Formen der institutionellen
„Durchlässigkeit", um frische Perspektiven und neue Denkansätze integrieren
zu können. Besonders in kreativen, schöpferischen Bereichen der Projektökologien (Werbung, Filmproduktion etc.) gibt es für Leute ohne speziellen professionellen Hintergrund viele Möglichkeiten einzusteigen. Zahlreiche erfolgreiche Filmschaffende z. B. berichten, dass sie als sog. Runner begonnen
haben (vgl. 6.3 Lernen in unterschiedlichen Projektökologien).

6.5.4 Karriere in Projekt-Communities

Karrieremöglichkeiten in Projektökologien sind stark reputationsorientiert.
Das hängt unter anderem damit zusammen, dass Reputation (der Ruf) eines
der besten Selektionskriterien bei der Auswahl von MitarbeiterInnen ist.
Die Reputation der Kreativen baut auf die Fähigkeit auf, in permanenter Weise
„frische" Ideen produzieren zu können – d. h. interessante „Zufälle" am Fließ-

band zu erzeugen. Diese Fähigkeit zu entwickeln oder unter Beweis zu stellen, erfordert besondere Partnerschaften, die erst (wenn überhaupt) gewechselt werden, wenn man sich einen bestimmten Level an Reputation erarbeitet hat. So profitieren beide Seiten: Die Agentur oder die Filmfirma bekommt „frischen" Input und der/die Kreative die Chance auf Reputation und damit auf die Entwicklung seiner/ihrer Karriere. Dazu kommt, dass beide Seiten bestimmte Vorlieben für PartnerInnen entwickeln und so zwischen Agenturen und externen ProjektpartnerInnen (Zulieferern) durchaus stabile Beziehungsmuster entstehen können (Grabher, 2002).

6.5.5 Qualitätssicherung in Projekt-Communities
Eine wesentliche Rolle beim Aufbau von künstlerischer, wissenschaftlicher oder handwerklicher Reputation spielen Leistungsstandards oder Leistungswettbewerbe (Festivalteilnahmen, Veröffentlichungen, Preise und Auszeichnungen etc.), die meist von der jeweiligen Branche selbst entwickelt werden. Damit wird eine Art kollektive Qualitätssicherung betrieben und gleichzeitig ein sehr effizientes Anreizsystem etabliert, das auf transparente Weise zur Weiterentwicklung der Branche beiträgt. Das dabei im Falle einer Auszeichnung erworbene Sozialkapital kann dann als Reputation auf Projektmärkten zu Realkapital in Form höherer Gagen umgemünzt werden.

Entscheidend für alle Projektbeteiligten ist die Teilnahme an besonders erfolgreichen Projekten, weil mit der Reputation des Projektes auch der „Marktwert" der MitarbeiterInnen steigt. In der Filmindustrie schlägt sich dieser Umstand z. B. bei der vertraglich geregelten Namensnennung (sog. Credits) nieder, die als wichtigster strategischer Faktor für die Entwicklung einer erfolgreichen Karriere gilt.

6.6 Zusammenfassung

1. Die Projektökologie untersucht Projekte hinsichtlich ihrer sozialen, räumlichen, organisatorischen und institutionellen Einbettung in übergeordnete gesellschaftliche Kontexte.
2. Kreative und innovative Branchen bilden in ihrer Gesamtheit professionelle Ökologien projektbasierten Wirtschaftens aus, in denen Macht nicht im hierarchischen Modus, sondern über informelle Führungscodes oder Vertragspositionen ausgeübt wird.

3. Eine Schlüsselrolle innerhalb von Projektökologien spielen Verbünde und Netzwerke, weshalb Projektorganisation aus dieser Perspektive als Kooperationsverbund innerhalb von Produktionsnetzwerken (Cluster) verstanden wird.

4. Lernen und Wissenstransfer erfolgt innerhalb von Projektökologien hauptsächlich durch „Cross-Project-Learning", „Learning by Watching", „Action Learning" und „Learning by Switching".

5. Projekte werden in Projektökologien zu „Lernplattformen", die in professionale Gemeinschaften (Communities) eingebettet sind. In diesen Communities entstehen Standardvorgehensweisen, Verhaltensregeln und es wird Wissen im Rahmen von Veranstaltungen ausgetauscht.

6. Projekte gruppieren sich häufig um sog. Core-Teams – Personengruppen, die auf das Problemlösungsservice für AuftraggeberInnen spezialisiert sind (ForscherInnen, Kreative, EntwicklerInnen, ProduzentInnen etc.).

7. Das geplante Zusammenspiel divergierender Interessen und Logiken im Projekt und die dadurch implementierte Rivalität um Ressourcen, Macht und Aufmerksamkeit fördert die Entwicklung kreativer Lösungen. Durch systemimmanente Konkurrenz, Konflikte und Krisen wird in „zivilisierter" Form ein Klima der funktionalen Verausgabung geschaffen, das außergewöhnliche Leistungen stimuliert.

8. Die Koordination der Kreativbeziehungen in Entwicklungsphasen erinnert an Praktiken der Jazz-Improvisation, während das Zusammenspiel von SpezialistInnen und ExpertInnen während der Umsetzung von Ideen und Plänen den Charakter eines Orchesterkonzerts mit Hilfe eines Dirigenten/einer Dirigentin (Projektsteuerung) hat.

9. Je unvorhersehbarer, flexibler und unbeständiger die Produktionsverhältnisse innerhalb einer projektorientierten Branche sind, desto wichtiger wird die sog. Co-Location (Clusterbildung) von potentiellen ProjektpartnerInnen. In diesen Clustern entstehen eigenständige Verhaltenformen und spezifische Kulturen der Zusammenarbeit.

10. Karrieremöglichkeiten hängen in Projektökologien vor allem von Reputation ab. Dabei spielen die Einhaltung von Leistungsstandards, die erfolgreiche Teilnahme an Leistungswettbewerben oder die Mitarbeit an besonders erfolgreichen Projekten eine wesentliche Rolle.

7 Grundformen der Organisation und des Managements von Projekten

Grundformen beschreiben jene Regeln, Gesetzmäßigkeiten der Gestaltung und der Vorgehensweise, die ein Projekt in seiner allgemeinen Form festlegen. Dies geschieht im Wesentlichen durch die Darstellung möglichst eindeutiger Strukturmerkmale sowie elementarer Methoden und Instrumente der Projektarbeit. Die Grundformen werden auf vier verschiedenen Ebenen der Organisation und des Managements wirksam: Produkt-/Objekt-/Systemebene, Geschäftsprozessebene, Supportebene und Führungsebene.

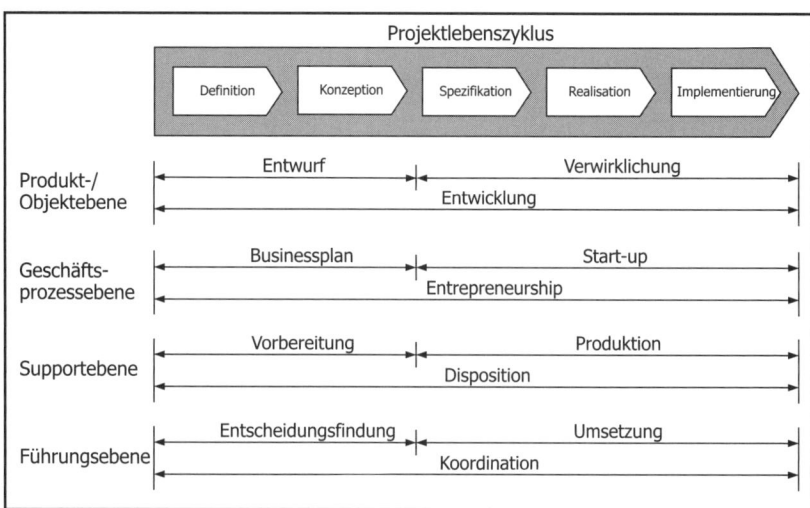

Abb. 16: Ebenen der Organisation und des Managements

Zum besseren Verständnis der Grundformen und der daraus abgeleiteten Gestaltungsempfehlungen soll eine kurze Analyse jener drei Interdependenzbereiche dienen, die das gesamte Vorgehensmodell nachhaltig prägen.

Zunächst muss man zwischen Produktebene und Projektebenen (Geschäftsprozesse, Supportprozesse, Führung) unterscheiden. Die eine bezieht sich auf die Operationalisierung der Inhalte. Die anderen beziehen sich auf die Gestaltung der Rahmenbedingungen und Regelung der Interaktionen.

Dazu sind jeweils unterschiedliche Expertisen innerhalb des sog. Lebenszyklus eines Projektes notwendig, die eng aufeinander abgestimmt und synchronisiert sein müssen, um zu guten Ergebnissen zu gelangen. Während auf der inhaltlichen Ebene um die Qualität der Ergebnisse gerungen wird, muss auf den Projektebenen die Wirtschaftlichkeit, die Beschaffung und Verteilung der Ressourcen (inkl. Expertisen) sowie die Koordination aller Beteiligten sichergestellt sein. Jedes Problem auf der einen Ebene beeinflusst den Lauf der Dinge auf den anderen Ebenen und umgekehrt.

Ähnliches trifft auch auf die Beziehung zwischen Planung und Umsetzung zu. Insbesondere zu Beginn des Projektlebenszyklus (z. B. während der Konzeption eines Vorhabens) herrscht häufig erhebliche Unsicherheit über die inhaltliche und formale Gestaltung des Vorgehens.

Es liegt in der Natur innovativer Vorhaben, dass man am Anfang das gesamte Geschehen nicht überblicken kann. Diese grundsätzliche Einschränkung wird mit einer sukzessiven Vorgehensweise bekämpft, bei der man von einer groben Abschätzung, über die Grobplanung allmählich zur Feinplanung fortschreitet. Das ist deshalb notwendig, weil Planung und Umsetzung im Projekt reflexiv gekoppelt sind, was vor allem am experimentellen Charakter von Projekten liegt. Manchmal sind nur die ersten Schritte klar und vieles muss einfach ausprobiert werden – egal ob in Form einer Simulation, anhand eines Modells oder mittels eines funktionstüchtigen Prototyps. Planung und Umsetzung reagieren ständig aufeinander, der Output des einen Bereiches wird zum Input des anderen und umgekehrt.

Schließlich spiegelt die Beziehung zwischen Routine (aufbauend auf Bekanntem) und Improvisation (Bewegung auf unbekanntem Terrain) die fundamentale Dichotomie von Bekanntem und Unbekanntem im Entwicklungsprozess wider. Improvisation – als gezielte Reaktion auf Unerwartetes – setzt wiederum Erfahrung, d. h. Routine und „Spielraum" voraus. Andererseits ist Routine im Entwicklungszusammenhang auf Improvisationskraft angewiesen und zwar immer dann, wenn unklar ist, wie es weitergehen soll. Im Grunde geht es um die Fähigkeit, routiniert improvisieren zu können oder improvisierend Routinen zu verwenden. Das gelingt nur im Rahmen geplanter „Spielräume" in Form von Reserven (z. B. Zeit, Personal, Finanzmittel etc.). Reserven sind deshalb Grundelemente und inhärenter Bestandteil jeder professionellen Projektgestaltung.

Diese drei Interdependenzbereiche bilden jeder für sich eine Art Querschnittsmaterie bei der Betrachtung spezifischer Strukturmerkmale.

Der Zusammenhang Produkt/Projekt prägt besonders die Strukturierung der Projektorganisation. Die rekursive Verbindung von Planung/Umsetzung betrifft in hohem Maße die Ausgestaltung von Prozessen und das Wechselspiel zwischen Routine und Improvisation ist eine spezielle Herausforderung an das Management von Entwicklungen.

7.1 Formen der Strukturierung – Instrumente und Methoden

Während in auf Dauer ausgerichteten Organisationen vor allem Stellen, Positionen, Abteilungen etc. Bausteine der Strukturierung sind, stehen bei Projekten Objekte, Aufgaben und Phasen im Vordergrund. Schwerpunkt der Organisationsgestaltung ist also nicht die Strukturierung von abgestuften Führungsordnungen, sondern die Schaffung von Ordnungen aus zeitlich und inhaltlich abgrenzbaren Aufgabenstellungen. Diese Strukturierung von Aufgaben und Aufgabenbereichen bestimmt dann die Gestaltung von Abläufen und die dazu notwendige Verteilung von Ressourcen und Verantwortung. Da die Leistungserbringung in Projekten prinzipiell auf Basis von Vereinbarungen zur Durchführung abgegrenzter Aufgaben mittels selbständig handelnder AkteurInnen konzipiert ist, benötigt man keinen klassischen hierarchischen Organisationsaufbau (vgl. 7.3 Formen des Führung – Instrumente und Methoden). Dieser Fokus unterscheidet den Strukturaufbau von Projekten wesentlich von anderen Gestaltungsansätzen z. B. für die Strukturierung von Unternehmen.

Kernelemente der Strukturierung von Projekten sind überschaubare und handhabbare „Portionen", die hinsichtlich ihrer Art, Dauer und Position im Projektverlauf geordnet werden. Portionsarten sind im Wesentlichen Elemente (Bereiche, Objekte, Funktionen, Arbeitspakete etc.) und Phasen (Abschnitte im Projektlebenszyklus). Projekte werden in der Regel objekt-/produkt- und aufgaben-/projektbezogen strukturiert. Daran knüpfen alle weiteren Planungs- und Realisierungsschritte an.

Folgende Grundformen der Projektgestaltung sind für die Strukturierung essentiell:

- Fragmentierung (Zerlegung in Elemente und Einheiten)
- Temporalisierung (Verzeitlichung durch Limitierung und Terminisierung)
- Fraktalisierung (Verwendung selbstähnlicher Formen)

7.1.1 Fragmentierung

Fragmentierung bedeutet die Zerlegung einer größeren Einheit in kleinere Teile. Im Projektzusammenhang meint Fragmentierung Aufteilung und Strukturierung von Vorhaben in logische „Bausteine" (vgl. 4.4 Theorie temporärer Organisationen) in einem meist mehrstufigen Verfahren. Sie stellt die Grundlage für alle wesentlichen Planungsschritte dar. Es entsteht ein strukturierter Überblick und gleichzeitig ein Einblick ins gesamte geplante Geschehen. Je nach Komplexität können immer feiner strukturierte Teilbereiche und Elemente dargestellt werden. Im Hinblick auf die sachgerechte Abwicklung der Vorhaben ist eine Zerlegung in sog. technische Elemente notwendig. Daraus wird die sog. Produktstruktur entwickelt, welche alle Systemteile enthält, die das Projekt inhaltlich bestimmen (z. B. Bauelemente, Komponenten etc.). Für eine möglichst termin- und aufwandsgerechte Projektabwicklung muss die Strukturierung um alle anderen Aufgaben erweitert werden, die bei der Realisierung des Projekts durchzuführen sind. Dazu werden alle zum jeweiligen Zeitpunkt bekannten abgrenzbaren Aufgaben (z. B. Vorgänge, Arbeitspakete, Bereiche etc.) definiert und strukturiert. Daraus entsteht dann die eigentliche Projektstruktur, die nun sämtliche inhaltlichen und organisatorischen Aufgabenstellungen umfasst.

7.1.1.1 Projektstrukturplanung

Projektstrukturplanung (Work-Breakdown-Structure) dient der vollständigen Erfassung und Beschreibung aller Teilaufgaben sowie deren Darstellung in einer systematischen Übersicht. Sie ist die zentrale Grundlage für die gesamte Projektplanung und Steuerung. Der Projektstrukturplan (PSP) stellt die Gesamtheit der einzelnen Elemente eines Projektvorhabens dar (Burghardt, 2002; Seibert, 1998). Die dazu notwendige Strukturanalyse erfolgt meist mittels eines deduktiven Top-Down-Verfahrens (vom Allgemeinen zum Besonderen) und unter Berücksichtigung der Produkt- bzw. Objektplanung. Dabei wird das Vorhaben in einzelne und in sich selbständig durchführbare Aufgabenbereiche zerlegt.

Die meist stufenweise Untergliederung endet bei den sog. Arbeitspaketen, das sind jene in sich geschlossenen Tätigkeitsbereiche, die aus Sicht der Planung keiner weiteren Differenzierung mehr bedürfen. Das muss keineswegs bedeuten, dass dies kleine, triviale Einheiten sind – ein Arbeitspaket kann etwa aus Sicht des dafür zuständigen Auftragnehmers durchaus selbst wieder ein, wenn auch kleineres, (Teil-)Projekt darstellen (vgl. 7.1.3 Fraktalisierung). Arbeitspakete sind Basis für die Delegation von Aufgaben und der dafür notwendigen Gestaltung von Vereinbarungen.

Projektstrukturplanung hat also das primäre Ziel, zu einer entsprechenden Strukturierung bis auf Arbeitspaketebene zu gelangen. In der Regel werden drei Arten von Projektstrukturierungen unterschieden:

1. ablauforientierte
2. funktionsorientierte
3. objektorientierte

Da die Gliederung unterschiedlich tief erfolgen kann (z. B. 1. Projekt, 2. Produktteile, 3. Funktionen, 4. Aufgabenbereiche, 5. Arbeitspakete) werden in der Praxis die Strukturierungsarten häufig miteinander vermischt.

Die *ablauforientierte* Gliederung (vgl. Abb. 17) bildet den zeitlichen Verlauf von Aufgabenbereichen ab und ist aufgrund ihrer Übersichtlichkeit und vordergründigen Logik meist die erste Wahl.

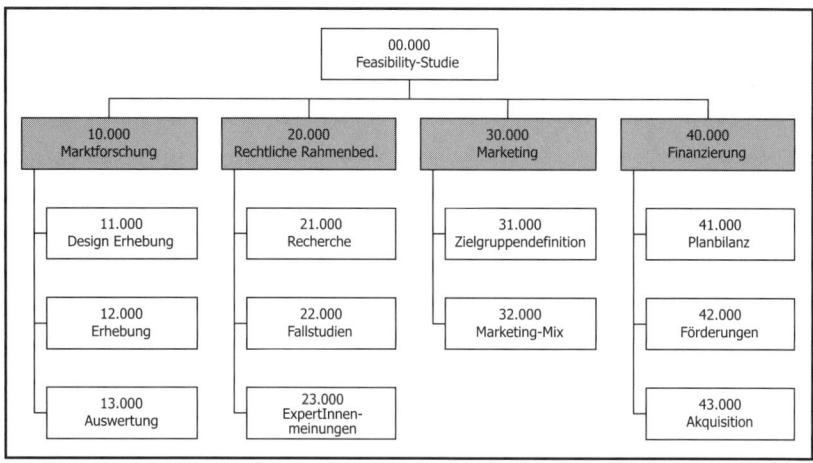

Abb. 17: Gemischt-phasenorientierter Projektstrukturplan

Die Gliederung nach *Funktionen* (vgl. Abb. 18) strukturiert Tätigkeitsfelder (z. B. Entwicklung, Fertigung, Qualitätsmanagement etc.) nach ihrem sachlogischen Zusammenhang bei der Realisierung.

Die *objektorientierte* Gliederung (vgl. Abb. 19) strukturiert die System-/Produkt-/Objektbestandteile und wird auch Objekt-/Produktstrukturplanung genannt. Bei dieser Herangehensweise werden alle Bestandteile nach der Logik des Endproduktes geordnet. Der Ablauf der Entwicklung und Herstellung wird daraus nicht ersichtlich. Deshalb ist für eine weitere Verwendung im Projektmanagementzusammenhang die Erweiterung zur Projektstruktur unterlässlich.

110

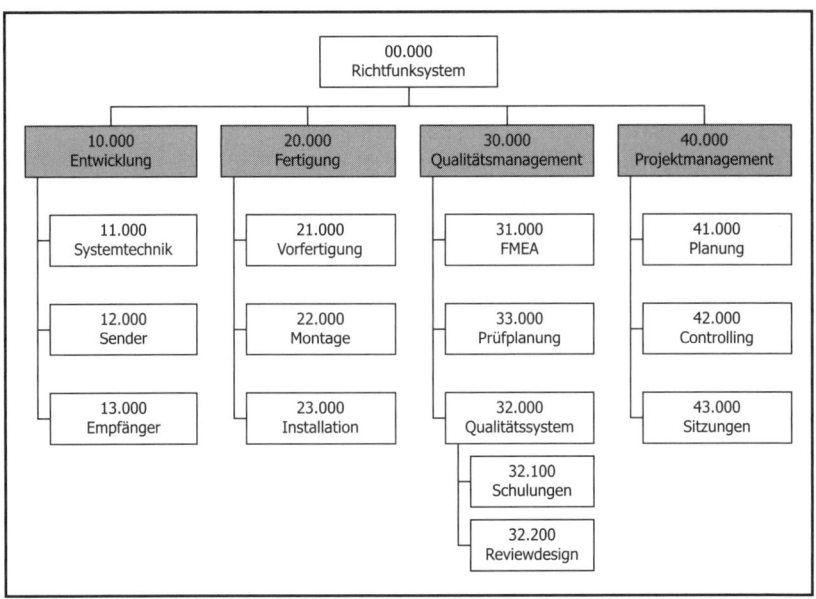

Abb. 18: Funktionsorientierter Projektstrukturplan

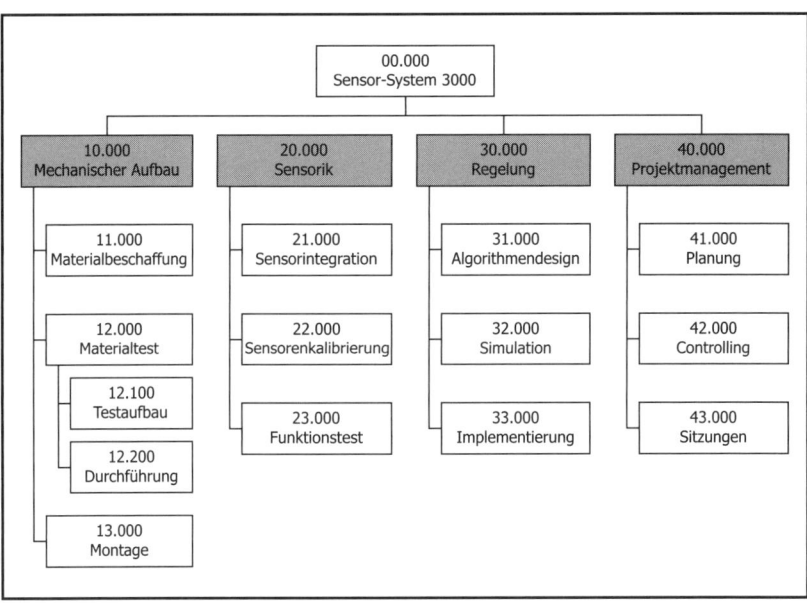

Abb. 19: Gemischt-objektorientierter Projektstrukturplan

7.1.1.2 Arbeitspaketspezifikation

Arbeitspakete stehen auf der untersten Ebene der Projektstrukturierung und bilden die eigentliche Basis für die Auftragserteilung sowie für die Überwachung und Steuerung des Projektfortschritts.

Folgende Mindestanforderungen sollten bei der Gestaltung von Arbeitspaketen erfüllt werden:

– Jedes Arbeitspaket muss eindeutig von den übrigen abgrenzbar sein, um Überschneidungen und damit Abstimmungsprobleme zu vermeiden.
– Arbeitspakete müssen klar definierte Bedingungen hinsichtlich Terminen, Dauer und Ergebnissen aufweisen.
– Die Tätigkeitsbündel (Arbeitspakete) müssen so definiert sein, dass sie geschlossen an einen verantwortlichen Akteur/eine verantwortliche Akteurin delegierbar sind.

Wie aus dem Anforderungsprofil und der Abbildung 20 ersichtlich, hat die Beschreibung von Arbeitspaketen selbst den Charakter eines „Mini"-Projektkonzeptes und stellt deshalb ein strukturelles, selbstähnliches Element (Fraktal) der Projektplanung dar (vgl. 7.1.3 Fraktalisierung).

7.1.2 Temporalisierung

Während die Fragmentierung der Aufgabenstrukturierung dient, geht es im Rahmen der Temporalisierung um die zeitliche Strukturierung eines Vorhabens. Man kann nun zeitliche Ausdehnung auf zwei Weisen modellieren und darstellen:

1. Limitierung durch Zeitintervalle, die eine bestimmte Dauer definieren
2. Terminisierung durch Bezug auf Ereignisse

Daran knüpfen zwei grundsätzliche zeitliche Unterscheidungen an, die im Projektzusammenhang von Bedeutung sind (Rödl, 2004):

– „Intern zeitlich" wird etwas dann bezeichnet, wenn es eine festgelegte Dauer hat und somit in sich selbst zeitliche Unterscheidungen enthält (z. B. Aufgaben, Phasen etc.).
– „Extern zeitlich" werden Vorhaben benannt, wenn sie in einer Beziehung zu anderen eine zeitliche Position einnehmen.

Klassische Unternehmen definieren sich im Allgemeinen „extern zeitlich", d. h. als Gegenstand (Position) im Zeitverlauf. Sie sind somit zeitlos (kontinuierlich, ohne zeitliche Limitierung) konzipiert.

Projekte hingegen werden prinzipiell stets „intern zeitlich" definiert. Zwar haben auch sie eine Position im Zeitablauf, aber sie sind grundsätzlich zeitlich limitiert. Bei extern zeitlichen Vorhaben ist Dauer nur ex post bestimmbar, d. h.

Projektbezeichnung	Datum der Planung
Nummer des Arbeitspakets	Bezeichnung des Arbeitspakets

Verantwortliche(r)

Beginn per	Ende per

Ziele
Was soll mit diesem Arbeitspaket erreicht werden?

Voraussetzungen
Was ist notwendig, um mit diesem Arbeitspaket beginnen zu können?
(Erkenntnisse, Zulieferteile etc.)

Durchzuführende Tätigkeiten
Was ist zu tun, um die Ziele zu erreichen?

Ergebnis(se)
Was soll nach Abschluss des Arbeitspakets vorliegen und in welcher Form?

Risiken
Ermittelte Risiken, Maßnahmen zur Risikogestaltung

Anzuwendende Dokumente

Geschätzter Aufwand in MitarbeiterInnentagen

Abb. 20: Arbeitspaketbeschreibung (Beispiel)

wenn etwas Unvorhergesehenes das Kontinuum beendet. Bei intern zeitlichen Vorhaben wird die Dauer ex ante festgelegt, d. h. im Zeitverlauf ist das vorgesehene Ende stets anwesend. Diese zeitbezogene Unterscheidung hat Auswirkungen auf die Beobachtung von Vorhaben. Während sich etwa Unternehmen zyklisch/periodisch selbst beobachten (z. B. mittels Bilanzierung), unterziehen sich Projekte zu unterschiedlich festgelegten Zeitpunkten Soll-/Ist-Vergleichen (Fortschrittskontrolle). Die nichtzyklische, „intern zeitliche" Strukturierung ist insbesondere bei der Gestaltung rekursiver Entwicklungsprozesse von elementarer Bedeutung.

Limitierung und Terminisierung als Temporalisierungsoperatoren sind Grundformen der zeitlichen Strukturierung. Zeitpunkte und Dauer (definiert durch Anfang und Ende) erzwingen die Selbstauflösung von Einheiten und schaffen so Anschlussmöglichkeiten für anderes. Man kann leicht erkennen, dass dies eine Grundbedingung für Veränderung ist. Interessant ist nun, dass nicht nur das Projekt als solches temporalisiert ist, sondern auch alle internen Strukturelemente dem Diktat von Limitierung und Terminisierung unterliegen. Das heißt, das Vorhaben stellt sich in Projektform ständig selbst zur Disposition.

Temporalisierung bietet somit die Möglichkeit der eigenen Veränderung im Zeitverlauf (Entwicklungs- und Lernprozesse) und fordert zu Entscheidungen über Abbruch oder Fortsetzung auf. Sie dient daher auch der Begrenzung von Risiken. Limitierung und Terminisierung als Grundformen der zeitlichen Strukturierung verdinglichen sich vor allem in Zeit-, Phasen- und Netzplänen.

7.1.2.1 Projektlebenszyklus und Phasenplanung

Das zeitliche Rahmenkonzept jedes Projektes ist der sog. *Projektlebenszyklus*. Er strukturiert den Gesamtablauf eines Projektes und wird in unterschiedliche Phasen unterteilt. Unter *Phasenplanung* versteht man ein Verfahren (Stage-Gate-Process), das Leistungsprozesse in Phasen („stages") und Entscheidungspunkte („gates") gliedert. Diese Gliederung in ablaufrelevante Abschnitte schafft Planungssicherheit, Übersicht und erleichtert die Überwachung des Projektfortschrittes. Der wichtigste Aspekt des Projektlebenszyklus und der Phasenplanung ist jedoch die durch die jeweiligen Phasenübergänge definierte sequenzielle Entscheidungsprozedur. Jedes Phasenende ist eine Entscheidungszäsur, die der Selektion von Ergebnissen dient und/oder über Fortsetzung und Abbruch bestimmt.

Damit werden einerseits Risiken beherrschbarer und andererseits entstehen Möglichkeiten der Rückkopplung, d. h. der Wiederholung von Vorgängen zwecks Optimierung (z. B. Entwürfe, Prototypen etc.).

Zusammenfassend lassen sich folgende Vorteile der Phasenbildung formulieren (Aggteleky/Bajna, 1992):

- Transparenz der Planungsarbeiten, Aufgabenteilung und Planungsfortschrittes (Projektlogik)
- Bildung von Schnittstellen, die eine Rückkopplung und Variantenreduktion ermöglichen
- Klar definierte Zwischenergebnisse (Ziele und Anforderungen) und deren Überprüfung
- Ansatzpunkte für Zwischenentscheidungen und Einflussnahmen auf den Gesamtverlauf
- Rahmen für „Stop-or-Go"-Entscheidungen
- Entwicklung von „Referenzkonfigurationen", d. h. bereinigter Zwischenergebnisse als Basis für die weitere Entwicklung

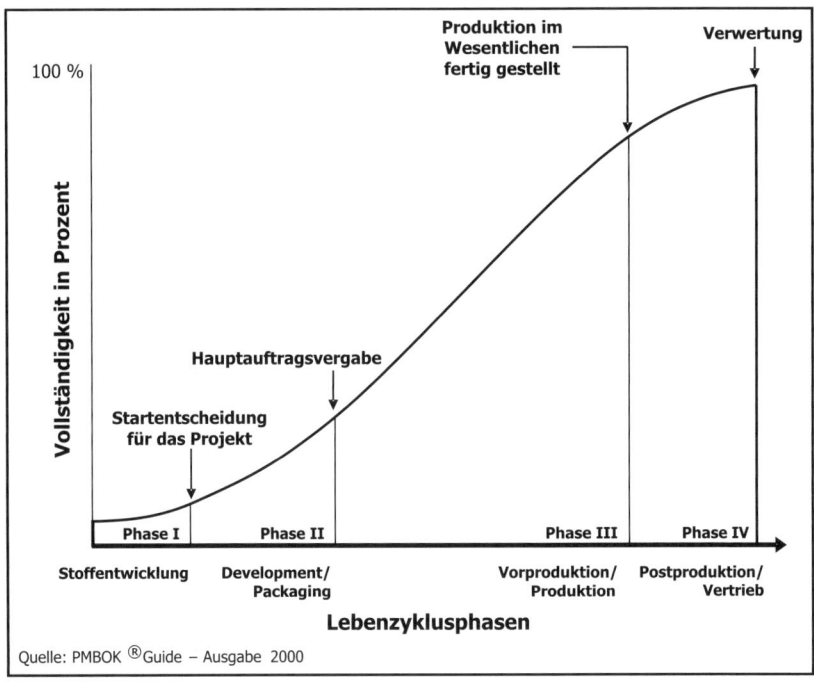

Abb. 21: Repräsentativer Lebenszyklus im Filmbereich

Die Ausgestaltung der Projektphasen richtet sich vor allem nach dem Objekt (Produkt), nach der Produktionsform oder nach branchenüblichen Vorgehensweisen (Abb. 21).

Phasen enthalten alle Arbeitspakete, die zur jeweiligen Aufgabenerfüllung notwendig sind und können sich auch überlappen. In einem allgemeinen Sinn kann man folgende Phasen des Projektlebenszyklus definieren:

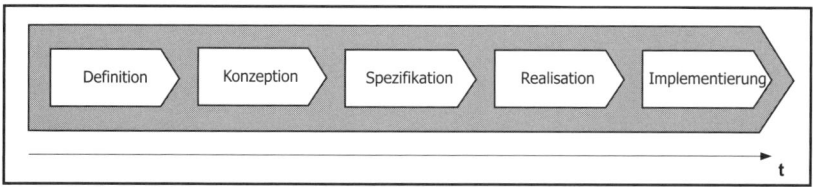

Abb. 22: Das Phasenmodell im Projektmanagement

Definitionsphase

- Die *Definitionsphase* dient der Konkretisierung von Ideen, Anforderungen, Problemen und Motiven des Projektes (Zielplanung). Am Ende dieser Phase steht die Startentscheidung für die Vorentwicklung oder Konzeption (Grobplanung).

Konzeptionsphase

- In der *Konzeptionsphase* geht es vor allem um die Ausgestaltung und Auswahl von Lösungsvarianten, d. h. im Vordergrund stehen Optimierungsprozesse zur Ermittlung des besten Lösungsansatzes und Machbarkeitsuntersuchungen (Feasiblity-Studies). An ihrem Ende steht meist die eigentliche Entscheidung zur Umsetzung (Projekthauptauftrag).

Spezifikationsphase

- Die *Spezifikationsphase* (Detailplanung) dient der Umsetzung des Konzeptes, der konkreten Planung der Realisierung. Diese Ausführungsplanung ist das letzte Glied der Entscheidungsfindung vor der eigentlichen Realisierung. Hier werden die funktionellen, technischen und finanziellen Voraussetzungen ermittelt und geklärt. Das bedeutet neben der Planung auch das Ausschreiben von Teilleistungen, Einholen von Angeboten, Aushandeln und Vergabe von Aufträgen (inkl. Vertragsgestaltung), Auswahl und Test von Materialen, Zulieferteilen etc. Im Mittelpunkt der Detailplanung steht das bekannte Planungsdreieck, das die Berücksichtigung folgender drei Faktoren fordert:

– Ziele/Qualität (Was soll erreicht werden, was ist zu tun?)
– Termine (Wann soll es erledigt sein?)
– Ressourcen/Kosten (Wie viel muss investiert werden?)

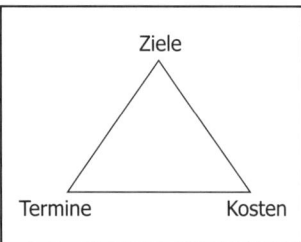

Abb. 23: Die drei Planungsgrößen im Projektmanagement

Man muss davon ausgehen, dass sich unter der Prämisse dieser Anforderungen auch der Detail-/Feinplanungsvorgang nicht linear, sondern rekursiv gestaltet. Die Konvergenz dieser drei Größen erfolgt demnach in einem iterativen Optimierungsprozess (vgl. Abb. 47 Rückkopplung und Iteration als Hilfsmittel der Optimierung).

Realisierungsphase
– Die *Realisierungsphase* ist von der Ausführung der Detailplanung, d. h. der Abarbeitung aller darin definierten Arbeitspakete geprägt. Diese sind oft in parallele und überlappende Vorgangsketten gegliedert, sowie sachlogisch auf vielfältige Weise verbunden (Abhängigkeiten).
Die Herausforderung dieser Phase liegt einerseits in der Koordinierung und Disposition der AkteurInnen und Ressourcen sowie andererseits in der Überwachung des Leistungsfortschritts, der Qualität der Ergebnisse und des veranschlagten Budgets.
Diese, auch *Projektcontrolling* (Überwachung und Steuerung) genannte Tätigkeit beinhaltet vor allem die Auswertung und Analyse von Soll-/Ist-Vergleichen. Daraus ergeben sich häufig Abweichungen, die zu Änderungsvorschlägen führen und neue Planungen erfordern. Soll-/Ist-Vergleiche sind Rückkopplungselemente und „navigatorische" Basis für die Projektsteuerung in der Realisierungsphase.

Implementierungsphase
- In der *Implementierungsphase* wird das Projekt operativ, administrativ und sozial beendet. Sie dient vor allem der Ergebnispräsentation, der Dokumentation und der Projektauswertung (z. B. Nachkalkulation, Ergebnisanalyse, Erfolgsbewertung).

Diese hier präsentierte, allgemein formulierte Phasengliederung spiegelt sich in der Praxis in unterschiedlichen Ausprägungen wider.

Entwicklungs-bereich / Entwicklungs-abschnitt	FuE-Projekt-kalkulation	SW-Verfahren-entwicklung	HW/SW-System-entwicklung	Geräte-entwicklung	Grundlagen-entwicklung
Definition	Anstoß	Idee	Analyse	Produktstudie	Anstoß
		Voruntersuchung			
	Studie	Istaufnahme			Studie
		Fachliches Grobkonzept			
Entwurf	Systementwurf	Fachliches Feinkonzept	Systementwurf	Spezifikation	Projektierung
	Komponenten-entwurf	DV-Grobkonzept	Pro-gramm-entwurf Schal-tungs-entwurf	Prinzipmuster	Design
Realisierung	Implementierung	DV-Feinkonzept		Funktionsmuster	Implementierung
	Komponententest	Programmierung	SW- HW-Implentierung		
Erprobung (Entwicklungsende)	System-integration	Test	Verbundtest	Prototyp	Systemintegration/-test
	Systemtest	Pilotierung	Systemtest	Vorserie	
Einsatz (Prduktende)	Abnahme	Übergabe	Systembetreuung	Serienfertigung	Abnahme
	Betreuung	Einsatz		Produktbetreuung	Betreuung

Quelle: Burghardt, M., Erlangen, 2002

Abb. 24: Phasengliederungskonzepte bei unterschiedlichen Entwicklungsvorhaben

7.1.2.2 Ablauf- und Terminplanung

Ablauf- und Terminplanung sind Methoden der logischen und zeitlichen Verknüpfung von Aufgaben. Beide haben die genaue Kenntnis des Vorhabens (Projektstruktur, Lebenszyklus etc.) zur Grundlage.

Grundsätzlich ist die Bestimmung folgender, für die Projektüberwachung wichtiger Größen von Bedeutung (Vahrenkamp, 2004):
- frühestmögliches Projektende
- kritische Vorgänge (Arbeitspakete)
- frühest-/spätestmögliche Start- und Endzeitpunkte der Vorgänge
- Pufferzeiten (zeitliche Reserven)

Die *Ablaufplanung* legt die logische Abfolge von Aufgaben (oder Vorgängen) fest und entwickelt so eine vollständige Vernetzung der Arbeitspakete.

Die *Terminplanung* ordnet diesen vernetzten Vorgängen spezifische Zeitpunkte (Termine) zu und stellt das Ergebnis grafisch dar.

Die Ablaufplanung bedient sich dreier logischer Elemente: *Arbeitspakete* (oder Vorgänge), *Ereignisse* (Zeitpunkte, an dem bestimmte Ergebnisse bestehen) und *Relationen* (diese definieren bestimmte Beziehungen zwischen und Abhängigkeiten von Vorgängen).

Grundsätzlich müssen folgende Prozesse durchlaufen werden:

1. Erstellung der Vorgangsliste
2. Ablaufanalyse (Reihenfolge und Relationen)
3. zeitliche Aufwandsschätzung (Dauer der Vorgänge)
4. Entwicklung des Terminplanes

Die Erstellung der *Vorgangsliste* kann z. B. anhand des Projektstrukturplanes (PSP) oder ähnlicher Vorhaben aus der Vergangenheit erfolgen.

Die *Ablaufanalyse* orientiert sich vor allem an der Produkt-(Objekt-)Struktur, wobei die Abhängigkeiten zwischen den Vorgängen und deren logische Abfolge ermittelt werden. Die wichtigsten Vorgangsrelationen sind folgende:

- Ein Vorgang muss beendet sein, bevor der nachfolgende beginnen kann (Ende-Anfang-Beziehung).
- Ein Vorgang muss beendet sein, bevor der nachfolgende beendet werden kann (Ende-Ende-Beziehung).
- Ein Vorgang muss begonnen haben, bevor ein nachfolgender beginnen kann (Anfang-Anfang-Beziehung).
- Ein Vorgang muss begonnen haben, bevor ein nachfolgender beendet werden kann (Anfang-Ende-Beziehung).

Am häufigsten trifft man auf Ende-Anfang-Beziehungen, da sie die direkte sukzessive Fortschrittslogik verkörpern.

Bei der *zeitlichen Aufwandsschätzung* handelt es sich um einen Prozess, bei dem aus Informationen über Inhalt, Umfang und Ressourcenbedarf die zu erwartende zeitliche Dauer eines Vorgangs bestimmt wird. Dabei kann man sich u. a. auf folgende Methoden stützen:

- ExpertInnenbeurteilung – dabei werden besonders erfahrene AkteurInnen hinzugezogen.
- Analogienbildung, d. h. man schätzt die Dauer auf Grundlage von Vergleichskriterien und Daten ähnlicher Vorhaben in der Vergangenheit.
- Kennzahlenanalyse – hier werden Leistungsmerkmale z. B. Herstellungszeit pro Einheit zur Schätzung herangezogen.

- Reservenbildung/Zeitzuschläge – die dabei geschaffenen Zeitpuffer dienen vor allem dazu, Terminrisiken zu minimieren und schaffen eine gewisse zeitliche Flexibilität. Die verwendeten Werte bauen meist auf Erfahrungen mit vergangenen Projekten auf. Wichtig ist eine separierte Darstellung der Pufferzeiten, damit diese für die zeitlichen Optimierungsprozesse transparent sind.

Die *Terminplanung* erfolgt in der Regel je nach Komplexität des Vorhabens mittels verschiedener Methoden und unterschiedlicher Darstellungsformen:

- Terminliste
- Balkenplan
- vernetzter Balkenplan
- Netzplan

Die einfachste Methode und Darstellungsform ist die *Terminliste*. Sie enthält alle Vorgänge mit ihren Anfangs- und Endterminen.

Der *Balkenplan* ist eine grafische Umsetzung der Terminliste, wobei die jeweilige Dauer in Form eines einfachen Balkens dargestellt wird. Balkenpläne sind die weitaus gängigste Form der Entwicklung und Darstellung der Terminplanung.

Der sog. *vernetzte Balkenplan* stellt eine Erweiterung um die grafische Darstellung wesentlicher Abhängigkeiten zwischen Vorgängen dar.

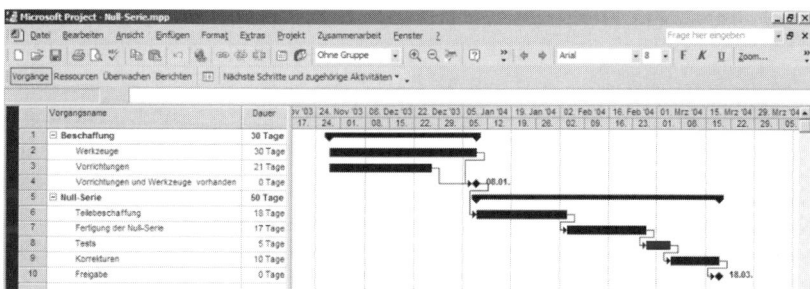

Abb. 25: Vernetzter Balkenplan in MS Project

Vernetzte Balkenpläne haben denselben grafischen Informationsgehalt wie *Netzpläne*. Netzplanung umfasst alle Verfahren zur Analyse, Planung und Steuerung von Abläufen auf Grundlage der Graphentheorie. Dabei können sowohl Zeit, Kosten, Einsatzmittel und sonstige Einflussfaktoren rechnerisch berücksichtigt werden. Die grafische Darstellung zeigt die Ablaufstrukturen von

Arbeitspaketen/Vorgängen hinsichtlich logischer und zeitlicher Zusammenhänge.

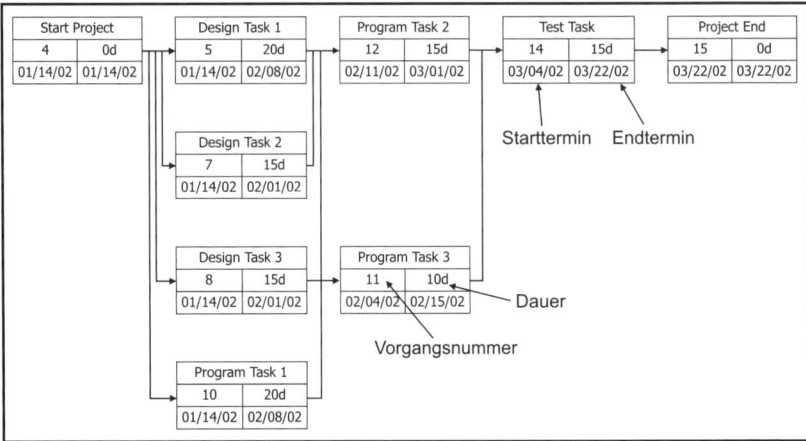

Abb. 26: Beispiel einer Netzplandarstellung

Netzplantechnik ist eine Kombination aus Ablauf-, Fristen- und Terminplanung und wird besonders bei umfangreichen, komplexen und zeitkritischen Vorhaben eingesetzt. Sie kann als Instrument und rechnergestützte Methodik zum Analysieren, Beschreiben, Planen, Kontrollieren und Steuern von Projektprozessen verwendet werden. Die Netzplantechnik verwendet die drei Grundelemente der Ablauf- und Terminplanung (Vorgänge, Ergebnisse und Relationen) zum Aufbau eines logischen Systems, mit dessen Hilfe man alle Prozesse hinsichtlich Dauer, Terminisierung und Ressourceneinsatz über den gesamten Projektverlauf rechnerisch adaptieren und optimieren kann. Gleichzeitig kann auch der sog. *kritische Weg* berücksichtigt werden; das ist jener in sich geschlossene Pfad entlang von Vorgängen, die deshalb kritisch sind, weil sie keine Pufferzeiten enthalten.

Es gibt Netzplanmethoden für deterministische und stochastische Abläufe. Deterministische Methoden behandeln nur eindeutige und vorherbestimmbare Prozessfolgen, während Methoden zur Berücksichtigung stochastischer Prozesse stets mehrere Möglichkeiten für den weiteren Projektverlauf berücksichtigen, d. h. Mehrdeutigkeit zulassen. Letztere werden deshalb auch Entscheidungsnetzplantechniken (ENPT) genannt. Diese Technik ist vor allem dann angebracht, wenn zur Erreichung des Projektziels mehrere Optionen oder Varianten offen stehen.

Nachdem es eine Reihe unterschiedlicher Netzplanmethoden gibt und jede für sich sehr ausgefeilt ist, wird an dieser Stelle auf eine ausführliche Darstellung einzelner Methoden verzichtet und auf die umfassende Literatur zu diesem Thema (u. a.: Schwarze, 2001) verwiesen.

Die Terminplanung erfolgt im Projektverlauf in zwei Richtungen – die Vorwärtsplanung und die sog. Rückwärtsplanung. Bei der Vorwärtsplanung wird stets vom Starttermin ausgegangen (progressive Zeitrechnung), während die Rückwärtsplanung die späten Zeitpunkte als Bezugsrahmen hat (retrograde Zeitrechnung). Ablauf- und Terminplanung sind wie Struktur- und Phasenplan rekursive Verfahren, d. h. es finden im Projektlebenszyklus permanent Anpassung und Optimierung statt.

7.1.3 Fraktalisierung

Unter Fraktalisierung versteht man den Aufbau komplexer Strukturen oder Gebilde mittels selbstähnlicher Elemente. Der Begriff „Fraktal" wurde ca. 1975 vom Nobelpreisträger und Mathematiker Benoît Mandelbrot kreiert (berühmt wurden vor allem seine Darstellungen geometrischer Formen als sog. Mandelbrotmengen).

Fraktale Objekte oder Strukturen bestehen aus „Kopien" ihrer selbst und ähneln damit biologischen Zellstrukturen, bei denen alle wesentlichen Merkmale

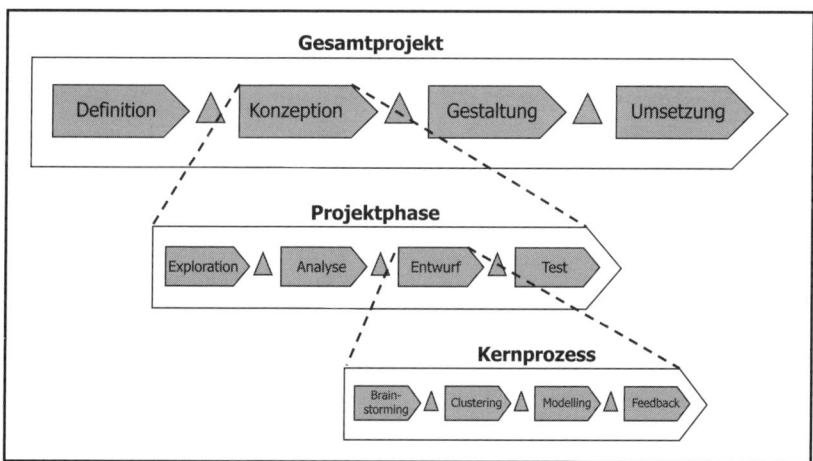

Abb. 27: Fraktalisierung als selbstähnliche Verwendung von Organisationsbausteinen

(oder Funktionen) beim Aufbau der jeweiligen nächsten Ebene „vererbt" werden. Das heißt, das Ganze spiegelt sich auch in seinen Teilen wider – womit ein hoher Grad an Übersichtlichkeit entsteht. Die damit verbundene Überschaubarkeit erleichtert u. a. die Orientierung und Koordination innerhalb komplexer Systeme, weil man auf jeder Strukturierungsebene auf ähnliche oder gleiche Elemente trifft. So werden im Projektkontext große Aufgaben in immer kleinere zerlegt oder lange Phasen werden in immer kürzere gegliedert. Der Nobelpreisträger und Ökonom Josef A. Schumpeter hat dieses Bild fraktaler Strukturierung auch auf die Entwicklung von Unternehmen mittels Innovation bezogen. Er postulierte, dass Unternehmen zum Zwecke der Innovation ständig neue Unternehmen gründen. So kann „das Neue […] leichter seine eigene Kultur ausbilden […] und [braucht] nicht mit übermächtigen und erfolgreichen, alten, traditionellen Strukturen konkurrieren" (Kocyba, 2005:51). Man kann diese Überlegungen auf die Projektebene übertragen. Unternehmen gliedern ihren „basic act", d. h. die notwendig werdende „Neugründung" über Innovationen, durch Gründung von „Unternehmen auf Zeit" (vgl. Kapitel 5 „Projekte als temporäre Unternehmen") in Form von Projekten aus und die Ergebnisse als Neuheit wieder ein. Auf diese Weise wird die Gründungsphase in Projektform zum fraktalen Baustein der Selbstreproduktion.

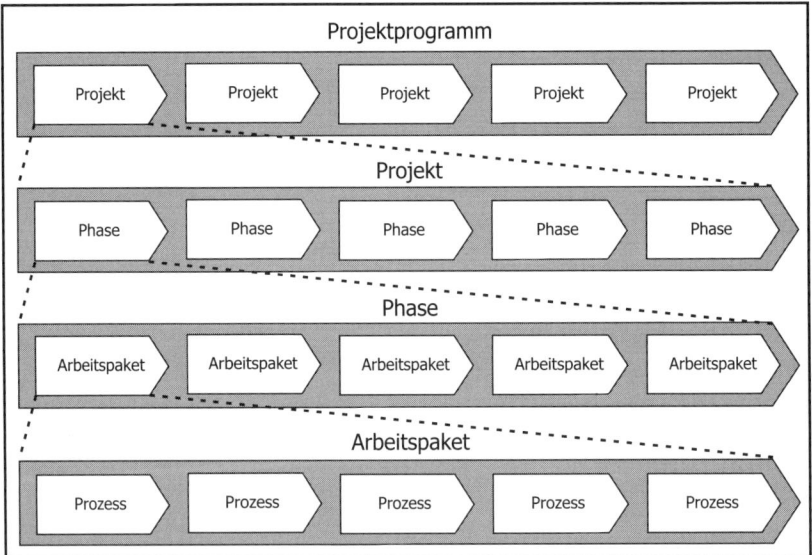

Abb. 28: Strukturierungsbausteine

7.1.3.1 Strukturierungsbausteine

Fraktalisierung ermöglicht im Projekt die Verwendung aller zentralen Elemente als selbstähnliche Organisationsbausteine. Dadurch entsteht die Möglichkeit, sämtliche Abschnitte, Bereiche, Phasen, Arbeitspakete etc. selbst wieder in Projektform zu strukturieren, sowie ähnliche Methoden und Instrumente anzuwenden (siehe Abb. 28).

Auch die Projektform als Einheit stellt einen selbstähnlichen Organisationsbaustein dar, der z. B. für den Aufbau von Programmen (z. B. Bauwirtschaft) oder bei der Gliederung in Sub- und Teilprojekte aus dem Blickwinkel von AuftragnehmerInnen, opportun erscheint. Bei größeren Projektvorhaben (z. B. Anlagenbau), kann es ohne weiteres vorkommen, dass eine Vielzahl von Aufgaben als eigenständige Sub- oder Teilprojekte organisiert werden.

7.1.3.2 Prozessbausteine

Nicht nur Strukturelemente der Projektorganisation haben fraktalen Charakter. Es gibt auch eine Reihe von Kernprozessen, die als selbstähnliche Elemente im Projektlebenszyklus Anwendung finden. Dazu gehören etwa Regelkreise (Soll-/Ist-Vergleiche), Entscheidungsabläufe (Meilensteinereignisse), Entwicklungsverfahren (Prototyping) etc. Beispielhaft zeigt folgende Grafik die Wiederverwendung selbstähnlicher Prozessfolgen im Projektverlauf.

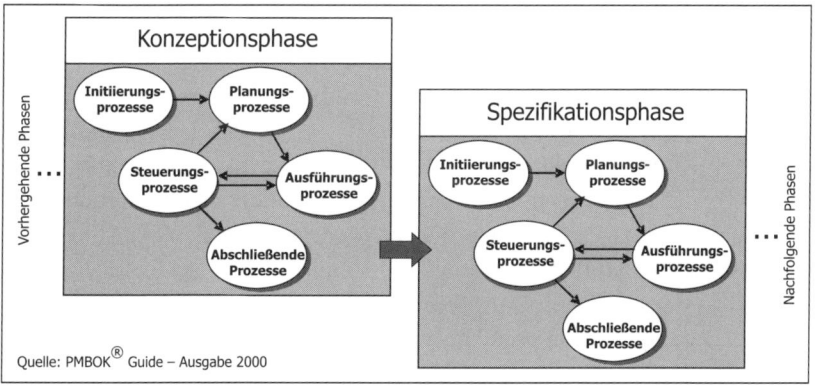

Abb. 29: Verwendung selbstähnlicher Prozessbausteine

7.2 Formen der Prozessgestaltung – Instrumente und Methoden

Unter Prozessen versteht man in der Organisationslehre inhaltlich abgeschlossene Vorgänge, die durch einen Input angeregt, in einem spezifischen Ergebnis (Output) münden und aus logisch zusammenhängenden Aktivitäten bestehen (Vahs, 2005). Sie sind gekennzeichnet durch Aufgaben/Ziele, Ereignisse, In-/Output, Aktivitäten, Ressourcen und Dauer (Durchlaufzeit).

Projekte zeichnen sich durch eine prozessorientierte Organisationsgestaltung aus, d. h. die zeitlich-logische Ablauffolge, deren dispositive Unterstützung sowie die Koordination der beteiligten AkteurInnen stehen im Mittelpunkt der Designbemühungen.

Vor allem der grundsätzlich reflexive Entwicklungs- und Produktionsmodus im Rahmen der Projektorganisation spielt eine entscheidende Rolle bei der Ausgestaltung der Kernprozesse.

Für die Beschreibung und Analyse der gestaltungsleitenden Prinzipien eignet sich vor allem der Vergleich mit dem wissenschaftlichen Labor (Knorr-Cetina, 2002a).

Projekte lassen sich durchaus als „Laboratorien" oder besser noch als „Collaboratories" für Feldexperimente begreifen. Die wesentliche Bestimmung von Laboratorien ist es, dass darin Versuche stattfinden. Versuche haben ihrem Wesen nach offenen Charakter, d. h. man weiß nicht genau, ob und wie man seine Ziele letztlich erreicht.

Handlungsleitendes Prinzip ist dabei, etwas zum Funktionieren zu bringen, und das Gelingen wird dann als Erfolg gewertet. Der Entwurf oder das Konzept „verkörpert" die Hypothese, die im Labor als „Werkstatt" im Voranschreiten des Versuchs getestet wird. Das Konzept ist demnach der strategische Faktor, der das Ausprobieren steuert, wobei neben der Entwicklung des Vorhabens auch eine Art Fabrikation von Wissen erfolgt. Durch reflektiertes Probieren wird permanent gelernt, d. h. Wissen erzeugt. Allerdings ist dieses Wissen in der Projektarbeit mobil, es zerstreut sich mit den AkteurInnen und wird von Projekt zu Projekt neu gebündelt (vgl. Kapitel 6 „Projektökologien").

Prozesse werden im Projekt (wie im Labor) im Hinblick auf Entscheidungen und Selektionen gestaltet. Dazu dienen z. B. Meilensteine, Tests, Präsentationen etc. Die Arbeit wird wesentlich auf die Reaktion spezifischer AkteurInnen wie z. B. AuftraggeberInnen, ExpertInnengremien, KundInnen etc. abgestimmt und ausgerichtet. Deren vermutete oder durch Tests eingeholte Urteile bilden die Basis für eine Form der Validierung, die sehr stark auf die erhoffte Anerkennung und Akzeptanz rekurriert. Ob etwas erfolgreich ist, hängt nicht nur vom tatsächlichen Ergebnis ab (als Erfüllung der internen oder externen

Anforderungen), sondern auch wesentlich von den Erwartungen der maßgeblichen AkteurInnen, auf deren Urteil referenziert wird.

Entscheidungen und Selektionen sind im Projekt (wie im Labor) das Produkt bestimmter Faktoren und Interaktionen zu einem definierten Zeitpunkt und an einem definierten Ort etc., d. h. Ergebnis bestimmter Umstände. Im Projekt als „Labor" wird nun versucht, diese Umstände zu „designen", sie zu bestimmen und damit beeinflussbar zu gestalten. Letztlich geht es darum, Innovationen nicht nur dem Zufall zu überlassen, sondern durch planvolles und kontrolliertes Handeln die Wahrscheinlichkeit ihres Eintreffens wesentlich zu erhöhen.

Für alle Prozesse im Projekt gilt ähnlich wie bei der Projektstrukturierung die Unterscheidung in zwei Kategorien:

1. Produktprozesse, d. h. alle Prozesse, welche die inhaltliche Arbeit am Produkt betreffen.
2. Projektmanagementprozesse, d. h. alle diejenigen Prozesse, welche die Organisation und den Ablauf des Vorhabens bestimmen.

Da sich Projektmanagement und produktorientierte Prozesse häufig überschneiden, ist eine der wichtigsten Aufgaben die effiziente „Verschränkung" beider Ebenen.

Die wichtigsten Gestaltungsformen dieser Prozesse und Prozessfolgen sind:

- Entrepreneurship (Geschäftsprozesse und Wirtschaftlichkeitsbetrachtung)
- Experiment (Prüfungs- und Testprozesse)
- Rekursivität (Entwicklungs- und Optimierungsprozesse)

7.2.1 Entrepreneurship

Entrepreneurship wird als Prozess verstanden, der dazu dient, neue Gelegenheiten und Möglichkeiten zu identifizieren, zu evaluieren und nutzbar zu machen (Fueglistaller/Müller/Volery, 2005). In Anlehnung an Schumpeter ist Entrepreneurship eine Pioniertat, ein Abenteuer, das u. a. dazu dient, neue Produkte oder Produktionsmethoden am Markt zu etablieren, neue Strukturen durchzusetzen oder neue Rahmenbedingungen zu schaffen etc. Im Projekt wird dieses „Abenteuer" kalkulierbar gestaltet und in Phasen operationalisiert. Elemente dieser Phasen sind beispielsweise Businesspläne, Machbarkeitsstudien etc. Entrepreneurship setzt sich im Grunde aus zwei großen Prozessketten zusammen: Businessplanung (Ideen- und Konzeptentwicklung) und Start-up (Inkubation und Unternehmensaufbau „bis es läuft"). Wir werden sehen, dass

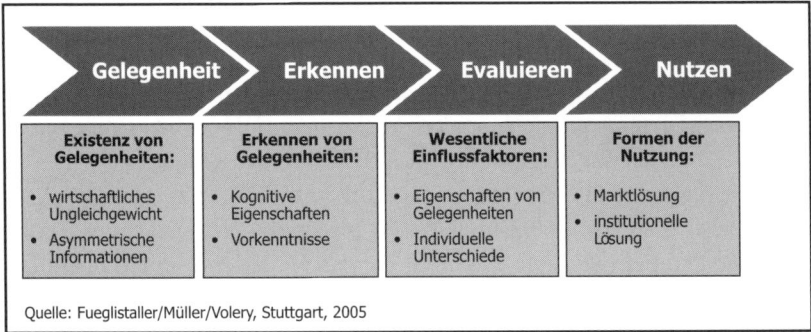

Abb. 30: Prozesskette Entrepreneurship

dies ziemlich genau das eigentliche Projektgeschehen (im Unterschied zur Produktebene) beschreibt.

Betrachten wir kurz das Rahmenschema (die Module) eines Businessplanes (Nagl, 2005):

- Geschäftsmodell (Produkt- und Leistungsangebot)
- Zielmarkt (Recherche, Marktentwicklung/Prognose etc.)
- Ziele und Strategie (Marktfeld-/Zielgruppenstrategie)
- Leistungs- und Produktportfolio (Leistung/Nutzen, Rechtsklärung, Entwicklung, Qualität etc.)
- Marketing und Vertrieb (Marktsegmentierung, Positionierung, Produkt-/Leistungs-/Preis-/Vertriebs- und Kommunikationspolitik)
- Technologien (Art und Stand der verwendeten Technologie, Patente, Lizenzen etc.)
- Produktion/Beschaffung
- Management, Personal und Organisation
- Chancen und Risken
- Ergebnis- und Finanzplanung

Die Businessplanung bildet sich somit in der Definitions- und der Konzeptionsphase des Projektes ab (vgl. 7.1.2.1 Projektlebenszyklus und Phasenplanung). Die Prozesskette Start-up wird im Projekt in der Spezifikations- und Realisierungsphase nachgezeichnet und der Übergang vom Start-up zum Regelbetrieb drückt sich im Projektlebenszyklus in der Abschluss- bzw. Implementierungsphase aus.

Im Rahmen der Entwicklung und Produktion des Neuen oder von Unikaten bietet die Projektform geradezu den klassischen Rahmen für eine kalkulierte

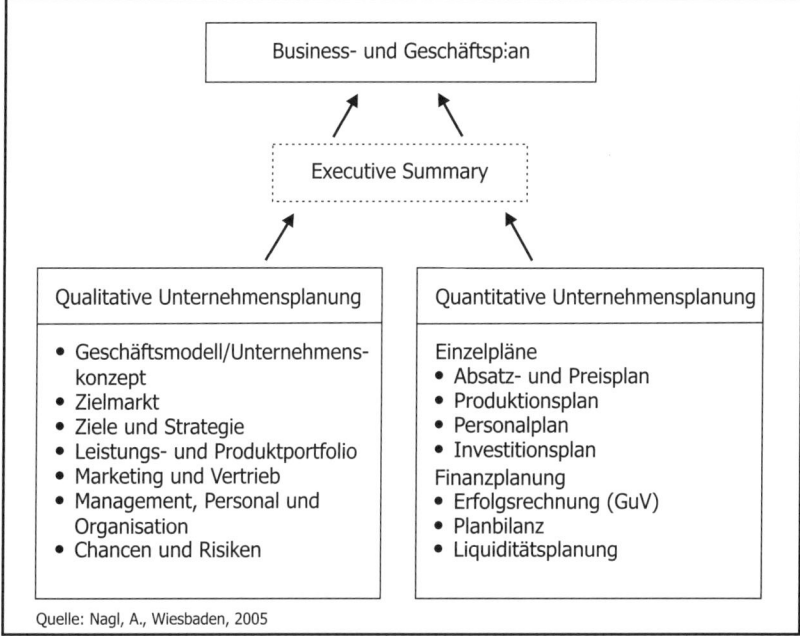

Abb. 31: Aufbau eines Business-/Geschäftsplanes

Operationalisierung von temporären gründungsähnlichen Prozessen. In einigen Bereichen (z. B. Bauwirtschaft, Softwareindustrie, Medienindustrie etc.) werden sogar eigene Projektunternehmen gegründet, die nur der Entwicklung und Umsetzung eines einzigen Vorhabens dienen – als „Unternehmen auf Zeit" (vgl. Kapitel 5 „Projekte als temporäre Unternehmen"). Entrepreneurship als Gestaltungsform orientiert sich vorrangig an den wirtschaftlichen Aspekten des Projektvorhabens.

Da es unzählige Ausprägungen von Projekten gibt, werden in der Folge nur jene spezifischen Instrumente und Methoden beschrieben, die grundsätzliche Bedeutung für die Gestaltung der Prozesskette Entrepreneurship haben. Trotz dieser Einschränkung umfasst dieser Bereich noch sehr viele wichtige Methoden, sodass dieses Buch lediglich kurze Darstellungen zur Verständnisförderung und Methodenübersicht anbieten kann.

7.2.1.1 Zielplanung

Zielplanung ist der wesentlichste Teil der eigentlichen Projektdefinition, d. h. in ihrem Rahmen werden Problemlage, Ziel- und Aufgabenformulierung beschrieben, sowie die wesentlichen Rahmenbedingungen untersucht. Sie beschäftigt sich dabei mit der Gestaltung der zielgerichteten Aufgaben und den bestmöglichen Vorgehensweisen. Den methodischen Kern der Zielplanung bilden Situationsanalyse, Problemerfassung/Problemanalyse, Zieldefinition und Projektbeschreibung.

Situationsanalyse
Die *Situationsanalyse* untersucht die Projektidee(n) im Hinblick auf deren Umfeld und schafft damit die Voraussetzung für die Zieldefinition. Sie dient u. a. der Lagebeurteilung, d. h. liefert Antworten auf die Frage, wo und wie eine bestimmte Projektidee aus strategischer Sicht einzuordnen ist und welche Konsequenzen für deren Entwicklung und Realisierung sich daraus ergeben. Es geht also darum, sich einen fundierten Einblick ins Projektumfeld zu verschaffen und damit eine möglichst hohe Entscheidungsqualität sicherzustellen. Analysiert werden alle projektrelevanten Umstände, z. B. hinsichtlich Bedarfe, Möglichkeiten, Auswirkungen, Trends, Einschränkungen, Konkurrenz etc. – alles im Sinne einer vorausschauenden, gesamtheitlichen Betrachtungsweise.

Aus der Situationsanalyse (auch Systemanalyse genannt) sollten sich die Sinnhaftigkeit und die Bedeutung der Projektidee und der angedachten Vorgehensweisen ableiten lassen.

Soll beispielsweise ein Produkt im Rahmen eines Projektes entwickelt werden, fallen unter die Situationsanalyse z. B. elementare Schritte der Innovationsplanung wie Produktpositionierung, Produktbewertung und Produktauswahl mit Hilfe von Marktanalysen.

Die Situationsanalyse kann oder sollte auch *Prognosen* beinhalten, insbesondere bei hochriskanten und sehr innovativen Vorhaben. Folgende Schritte beschreiben den idealtypischen Ablauf einer Situationsanalyse bei aufwändigen Projektvorhaben (Aggteleky/Bajna, 1992):

1. Einholen der Basisinformationen
2. Festlegen der Untersuchungsstrategie
3. Datenerfassung, Studium, Prüfung
4. Erhebung primärer Entwicklungsfaktoren (Materialien, Betriebsmittel, Technologien, Patente, Expertisen etc.)
5. Analyse der Sekundärbereiche (Markt- und Konkurrenzanalyse, Infrastruktur, Kennzahlen etc.)

6. Untersuchung der dispositiven Bereiche, Ressourcenwahl, Volumina und Kapazitäten, Logistik etc.)

Auch diese Prozesskette stellt im Grunde einen Entwicklungsbaustein dar, der im Rahmen der Konzeption mehrmals Verwendung finden kann, z. B. um immer genauere Vorstellungen und Einschätzungen im Planungsverlauf herstellen zu können.

Problemanalyse

Ein weiterer wichtiger Schritt im Rahmen der Zielplanung ist die *Problemanalyse*. Insbesondere bei komplexen Vorhaben liegen die Ursachen für bestimmte Probleme nicht sofort auf der Hand. Die Problemanalyse ist ein entscheidender Teil des Problemlösungsprozesses – vor allem deshalb, weil bei einer gründlichen Erforschung der Problemlagen (inkl. Problemfeld) meist bereits erste Lösungsansätze deutlich werden. Nachdem die Projektidee im Grunde eine mögliche Lösung (Antwort) für ein bestimmtes Problem darstellt, ist es besonders wichtig, die dahinter liegenden Probleme (Fragen) richtig zu verstehen und einordnen zu können.

Probleme kann man formal als Soll-/Ist-Abweichungen innerhalb von definierten Handlungs-/Prozessketten beschreiben, die als Mängel wahrgenommen werden. Die Untersuchung dieser Abweichungen beinhaltet die Diskussion des Sollzustandes (Zielvorstellung), die Analyse des Istzustandes (tatsächliche Ereignisse, Symptome und Ursachen) sowie die Bewertung der Abweichung (Problemumfang) hinsichtlich objektiver Erfordernisse und subjektiver Einschätzungen.

Erst daran schließt in der Regel die eigentliche *Zieldefinition* an.

Zieldefinition

Ziele stellen allgemein formuliert Sollvorstellungen für das Erreichen bestimmter zukünftiger Zustände dar. Sie sind Grundlage der Planung und der nachfolgenden Ergebnisbewertung. Die Zieldefinition klärt, was erreicht werden muss, damit ein Projekt am Ende als Erfolg gewertet werden kann.

Sie ist somit auch ein zentrales Referenzelement der Beobachtung (Projektcontrolling) des Geschehens im Zeitverlauf. Das heißt, ohne möglichst vollständige Zielformulierung unter Berücksichtigung aller relevanten Sichtweisen und Forderungen ist eine erfolgsorientierte Optimierung und Ergebnissicherung praktisch unmöglich. Bei komplexen Vorhaben mit dynamischen Zielhorizonten muss die Zielformulierung iterativ konkretisiert bzw. angepasst werden. Folgende Teilzielformulierungen sollten Berücksichtigung finden:

– Sachziele (Projektgegenstand)
– Leistungsziele (quantitative und qualitative Anforderungen)
– Terminziele (zeitliche Anforderungen)
– Ressourcenziele (Mitteleinsatz, wirtschaftliche Anforderungen)

In Fällen, bei denen unterschiedliche Ziele gleichzeitig verfolgt werden, ist es manchmal nützlich, Ziele zu priorisieren, d. h. sie hierarchisch abzustufen. Die daraus entstehende *Zielhierarchie* erleichtert z. B. die Verfolgung und Formulierung von interdependenten Zielkulissen – wenn etwa Unterziele sich aus der Verwirklichung bestimmter Oberziele ableiten. Darüber hinaus werden Projektziele häufig auch in zwei elementare Zielarten gegliedert.

Systemziele beschreiben die Qualitäten des Objektes/Produktes, das entwickelt und hergestellt werden soll:

– Funktionalität (Produktnutzen/Verwendung)
– Schnittstellen (Systemumgebung)
– Leistungsmerkmale
– Installations- und Abnahmebedingungen
– Vertriebs- und Logistikanforderungen
– Berücksichtigung gesetzlicher, ökologischer, ethischer und anderer gesellschaftlicher Anforderungen

Vorgehensziele umfassen operative Anforderungen, die den Projektverlauf bestimmen:

– Zeitrahmen
– Budget
– organisatorische Randbedingungen (Betriebsmittel, Expertise, PartnerInnen etc.)

Manchmal werden auch *Muss-* und *Kannziele* formuliert und zwar immer dann, wenn viele Lösungsvarianten vorliegen. Diese Unterscheidung erleichtert die Entwicklung eines differenzierten Kriterienkataloges für deren Selektion.

Ein wesentlicher Aspekt der Zielformulierung liegt in ihrer geforderten *Lösungsneutralität*. Es sollte zwar möglichst genau beschrieben werden, *was* erreicht werden muss – der Lösungsweg selbst (das Wie) allerdings sollte offen bleiben, um Spielraum für kreative Ansätze zu lassen.

Anforderungskatalog/Pflichtenheft

Im Rahmen technischer Projekte werden Ziele häufig in Form von Anforderungskatalogen und Pflichtenheften festgelegt. Der *Anforderungskatalog* stellt die Sichtweisen und Wünsche des Auftraggebers/der Auftraggeberin dar. Die

Detaillierung dieser Anforderungen erfolgt bei innovativen Projektvorhaben allerdings oft schrittweise (vgl. 7.2.3 Rekursivität).

Häufig dient der Anforderungskatalog bereits einer ersten Abschätzung des Vorhabens und somit als Entscheidungsgrundlage für die nächsten Schritte.

Das *Pflichtenheft* hat den Anforderungskatalog zur Grundlage und dokumentiert neben einer weiteren Detaillierung der Anforderungen auch bereits das fachliche Grobkonzept des Objektes/Produktes. Es sollte möglichst vollständig und widerspruchsfrei sein, da es oft als Basis für die Auftragsvergabe dient.

In vielen Fällen empfiehlt sich die Formulierung von sog. *Nicht-Zielen*, also eine Art negative Zieldefinition. Nicht-Ziele unterstützen die Projektabgrenzung, indem sie explizit festlegen, was nicht Ziel des Projektes ist und somit auch nicht erwartet werden darf/kann. Das ist besonders dann wichtig, wenn die eigentlichen Ziele zu Projektbeginn noch unscharf sind oder eine Vielzahl an Lösungswegen existiert.

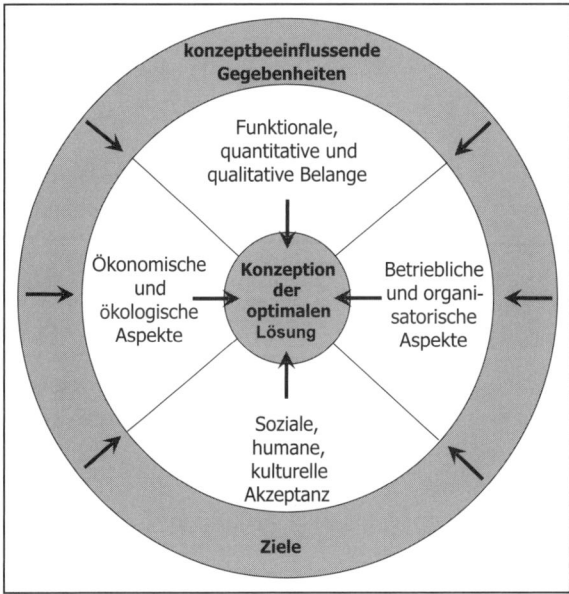

Abb. 32: Einflussgebiete der Konzeption

7.2.1.2 Konzeptentwicklung

Die Konzeptentwicklung ist im Grunde ein systematisch ausgestalteter Lösungsprozess, an dessen Ende ein entscheidungsreifer Gesamtansatz (Konzept) zur Durchführung des Projektes steht. Ein Konzept stellt einerseits die geistige Vorwegnahme (Vorstellung) des Ergebnisses (Ziel) dar und vermittelt andererseits die Umsetzbarkeit (Planung) des Entwurfs (Modell). Es setzt sich aus der Modellbildung, Lösungssuche, Darstellung der Machbarkeit, Globalplanung inkl. Bereichs- und Kostenplanung sowie der Konzeptbeschreibung zusammen.

Im Zuge der Konzeptentwicklung werden die Produkt-/Projektideen weiter konkretisiert, Entwürfe getestet, u. U. erste Marketingstrategien entwickelt, sowie die technische, wirtschaftliche und soziale Machbarkeit untersucht.

Das Ergebnis ist der sog. Geschäftsplan (Konzept, Businessplan, Projektantrag, Projektstudie), d. h. eine systematische Darstellung der wirtschaftlichen und funktionalen Aspekte des Projektvorhabens (siehe Abb. 32).

Die Konzeptentwicklung baut auf der Situations- und Problemanalyse sowie der Zielplanung auf. Sie bilden die Basis für die Modellbildung oder Leistungsbeschreibung.

Modell-/Leistungsbeschreibung

Hier wird im Detail dargestellt, wie das zukünftige Objekt/Produkt/System beschaffen sein soll/muss. Es folgt eine genaue fachliche und/oder technische Beschreibung der Funktionalitäten.

Neben der Darstellung des Gesamtsystems werden auch Teilsysteme, Komponenten, Schnittstellen, Qualitätsanforderungen, Auflagen/Restriktionen/Bestimmungen, Testerfordernisse etc. ausformuliert.

Die dazu notwendige Fragmentierung (Zerlegung) des gedachten Objektes/Produktes/Systems führt dabei zur ersten Stufe der Strukturplanung (vgl. 7.1.1 Fragmentierung) und Definition der notwendigen fachlichen *Prozessketten*.

Die Modell- oder Leistungsbeschreibung sollte wie das Pflichtenheft eindeutig, widerspruchsfrei und präzise sein. Sie ist letztlich die Basis für die Realisierungsentscheidung, die Qualitätssicherung und Planung.

Darin wird z. B. festgelegt (Burghardt, 2002):

- welche Teilsysteme und Komponenten das Objekt/Produkt/System umfassen soll
- welche Fachprozesse erfüllt werden müssen (d. h. was das Objekt leisten soll)
- wie das Erscheinungsbild sein soll

– welche Anforderungen und Funktionen wie erfüllt sein müssen
– welche allgemeinen System-/Struktureigenschaften gefordert werden etc.

Die Modellbildung dient neben der ganzheitlichen Erfassung der konzeptionellen Aspekte der kritischen Beurteilung spezifischer Gegebenheiten und Erfordernisse etc. auch der Entwicklung von Kriterien(-katalogen) zur Selektion von Lösungsalternativen oder der Systemwahl.

Lösungssuche/Systemwahl
Die Lösungssuche oder Systemwahl baut auf der Problemanalyse und Zieldefinition auf. Im Spannungsfeld zwischen Problemaufriss und Lösungsanforde-

✚✚ : hohe Relevanz vorhanden ✚ : Relevanz vorhanden ▭ : geringe Relevanz vorhanden		**Ideengewinnung**	
		Ideensammlung	Ideengenerierung
Informationsquellen — externe	– Veröffentlichungen	✚✚	▭
	– Patente und Schutzrechte	✚✚	✚
	– Konkurrenzanalysen (Benchmarks)	✚✚	✚
	– Lieferanten	✚✚	✚✚
	– Kunden	✚✚	✚
Informationsquellen — interne	– Mitarbeiter	✚	✚✚
	– Unternehmensunterlagen (Strategie-/Positionspapiere)	✚✚	▭
Kreativitätsmethoden	– Brainstorming	▭	✚✚
	– Brainwriting	▭	✚✚
	– Morphologie	✚	✚✚
	– Synektik	✚	✚✚
Weitere Methoden	– Marktforschung	✚✚	✚
	– Experten-Workshops	✚✚	✚✚
	– Explorative Gespräche	✚✚	✚
	– Vorschlagswesen/ Ideenwettbewerb	✚	✚
	– Dokumentenrecherche	✚✚	▭

Quelle: Vahs/Burmester, 2002

Abb. 33: Quellen und Methoden der Ideengewinnung

rungen (Ziele) liegt die Bandbreite möglicher Lösungsalternativen. Am Anfang der Lösungssuche steht die *Ideengewinnung*. Dabei wird zwischen Ideensammlung und Ideengenerierung unterschieden. Ideensammlung zielt auf die
Kombination bestehender Lösungsansätze ab, während unter Ideengenerierung sowohl „Erfinden" von Neuheiten, als auch die Weiterentwicklung vorhandener Problemlösungen verstanden wird (Vahs/Burmester, 2002). Die Tabelle in Abb. 33 verschafft einen Überblick gängiger Quellen und Methoden
der Ideengewinnung.

Aus der Ideengewinnung hervorgegangene Lösungsansätze (Vorschläge) müssen nun hinsichtlich ihrer technisch/fachlichen, wirtschaftlichen und sozialen
Machbarkeit untersucht werden. In der Regel erfolgt die Prüfung der Machbarkeit stufenweise und in Form eines Optimierungsprozesses (rekursive Entwicklung), der die Modell- oder Leistungsbeschreibung, die Anspruchsgruppenanalyse, Wirtschaftlichkeitsprüfung, Risiko- und Nutzwertanalyse umfasst.
Die bereits dargestellte Modell- und Leistungsbeschreibung stellt die erste Stufe bzw. das erste (technische/fachliche) Filter dar. Sie enthält meist sog. K.-o.-
Kriterien, die auf jeden Fall erfüllt sein müssen, um einen Lösungsvorschlag
weiterzuverfolgen. Hier kann u. U. bereits eine erste Anpassung (Optimierung)
von Lösungsansätzen an die detaillierte Modell- oder Leistungsbeschreibung
vorgenommen werden.

Anspruchsgruppenanalyse
Die nächste Stufe (sozialer Filter) ist häufig eine Untersuchung der Lösungsansätze in Bezug auf potentielle Interessen sog. Anspruchsgruppen (Stakeholder). Die dazu verwendete Anspruchsgruppenanalyse ist eine Form der Um-
weltanalyse, die in erster Linie die soziale Akzeptanz von Vorhaben überprüft.
Dieser Analyseansatz geht von der Annahme aus, dass jedes Vorhaben der Le-
gitimierung seiner Umgebung bedarf, damit es entweder ohne größere Konflikte oder überhaupt realisiert werden kann (Karmasin, 1998; Freeman/Gil-
bert, 1991; Dyllick, 1992). Als Umgebung werden im weitesten Sinne die
„Gesellschaft" und im engeren Sinne alle AkteurInnen (Individuen und Gruppen) definiert, die entweder ein begründbares Interesse (positive oder negative
Ansprüche) am Projekt haben, davon betroffen sind oder Betroffene vertreten.
Die faktischen Zurechnungsprozesse dieser AkteurInnen sind für das Projektvorhaben konstitutiv und deshalb für Organisationen und Management äußerst
relevant (Waldkirch, 2002). Die Idee des Projektes als Zurechnungsobjekt seiner Umfelder macht deutlich, dass Projektorganisationen (wie alle anderen Organisationen auch) nicht außerhalb des gesellschaftlichen Diskurses stehen

und sich letztlich nach innen und außen im Hinblick auf Strategien und Handlungen legitimieren müssen. Ein entsprechender Schritt in diese Richtung wäre z. B. ein aktiver Dialog mit strategischen Anspruchsgruppen als PartnerInnen der Projektentwicklung. Bei einigen Anspruchsgruppen, wie AuftraggeberInnen, KundInnen oder MitarbeiterInnen ist diese Sichtweise selbstverständlich – es lohnt sich jedoch auf jeden Fall eine etwas breitere Analyse.

Im ersten Schritt der Anspruchsgruppenanalyse werden alle relevanten Anspruchsgruppen ermittelt, die für den Erfolg des Projektes wichtig erscheinen.

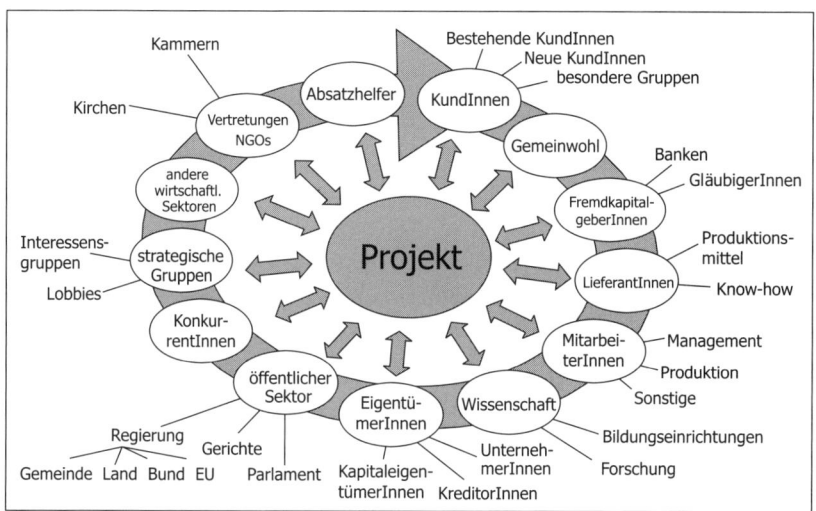

Abb. 34: Anspruchsgruppen

Dabei sollten neben den externen Anspruchsgruppen (KundInnen, KooperationspartnerInnen, Interessenverbände etc.) auf jeden Fall auch etwaige wichtige interne Anspruchsgruppen (Aufsichtsrat, AuftraggeberInnen, vorgesetzte Managementebene etc.) Berücksichtigung finden.

Im zweiten Schritt wird die Bedeutung der Anspruchsgruppen für das Vorhaben festgestellt. Dazu sollten zwei Kernfragen beantwortet werden:

   1. Welchen Einfluss können bestimmte Stakeholder auf das Projekt ausüben?

   2. Wie stark können diese beeinflusst werden?

Die Beantwortung kann z. B durch folgende Checkliste erleichtert werden.

1. Gibt es Gruppierungen, von denen Aktionen im Zusammenhang mit der Unternehmenspolitik bzw. -strategie ausgehen (z. B. Streiks)?
2. Welche Gruppierungen spielen bei der Formulierung der Politik bzw. der Strategie (z. B. Vorstand) eine formelle/informelle Rolle?
3. Wer verschafft sich – bezogen auf das Projekt – lautstark Gehör (z. B. BürgerInneninitiativen)?
4. Lassen sich Anspruchsgruppen aufgrund demographischer Kriterien (z. B. Alter, Geschlecht, Rasse, Beruf, Religion) benennen?
5. Gibt es Organisationen, zu denen enge Beziehungen unterhalten werden und die das Vorhaben beeinflussen könnten (z. B. Verbände)?
6. Wer besitzt nach Meinung von ExpertInnen relevante Interessen bezüglich des Projekts (z. B. Behörden)?

Ein dritter Schritt stellt mögliche Strategien der Anspruchsgruppen den Projektstrategien gegenüber. Dabei werden zuerst die Erwartungen der Stakeholder geklärt, die dem Projekt entgegengebracht werden. Auf diese Weise kann man den Schaden bzw. Nutzen der Lösungsansätze abschätzen und daraus Maßnahmen und Optimierungsschritte ableiten.

Den vierten und nachhaltigen Schritt stellt das am Zielplan orientierte strategische Controlling von Ansprüchen im Projektverlauf dar. Da sich Ansprüche im Zuge der Realisierung auch verändern können (z. B. durch die Wahrnehmung des Objektes/Produktes/Systems oder notwendiger nachträglicher Adaptionen) empfiehlt sich ein begleitender Betreuungsprozess, der alle relevanten Anspruchsgruppen auf strategische Weise kommunikativ in den Entwicklungsprozess einbindet.

Die Ergebnisse der Anspruchsgruppenanalyse ergeben somit einen sozialen Filter, der dabei hilft, die Erwartungen und oft subjektiven Befürchtungen relevanter Stakeholder für die Selektion und Entwicklung von Lösungsansätzen konstruktiv nutzbar zu machen.

Wirtschaftlichkeitsprüfung

Die dritte Stufe (wirtschaftlicher Filter) der Machbarkeitsuntersuchung von Lösungsvorschlägen stellt die Überprüfung auf Wirtschaftlichkeit dar. Die ist durchaus in einem weiteren Sinne zu verstehen, da jedes Projekt eine wirtschaftliche Investition erfordert, der bestimmte erwünschte Ergebnisse gegenüberstehen.

Diese Investitionen können sich z. B. aus folgenden Elementen bestimmen (Seibert, 1998):

- Entwicklungskosten (inkl. Prototypen und Tests)
- Betriebskosten im Projektlebenszyklus (z. B. Projektmanagement, Infrastrukturen etc.)
- Herstellungs- bzw. Selbstkosten des Objektes/Produktes/Systems
- Lebenszykluskosten bezogen auf Nutzungsdauer und Anschaffungskosten des Auftraggebers/der Auftraggeberin

Die dazu notwendigen *Kostenkalkulationen* können mittels unterschiedlicher Verfahren durchgeführt werden, wobei sie sich grundsätzlich an dem jeweiligen Entwicklungsstand bzw. an den verfügbaren, kostenrelevanten Informationen orientieren müssen. Folgende Tabelle bietet dazu Orientierungshilfe:

Phase	Produktplanung	Entwicklung/Konstruktion (Konzept, Entwurf, Ausarbeitung)			Fertigungs- planung
Arbeits- schwer- punkte	Kundenforderun- gen/Produkt- merkmale • Produkt- programm • Basisprodukt • Produkt- varianten	Produktfunktio- nen und -kom- ponenten • Baugruppen • Teilfunktionen • Konzept • Hauptab- messungen	Komponenten und Einzelteile • Abmessungen • Werkstoffe • Grundlegende Produktions- verfahren	Einzelteile und Verfahren • Detail- gestaltung • Produktions- prozeßschritte • Fertig- konstruktion	Produktions- prozesse • Details Pro- duktionsablauf • Konkretisierung Materialbedarf, Losgröße, Be- triebsmittel etc.
Nötige Kosten- informa- tionen	• Zielvorgaben für Gesamt- produkt und Baugruppen • Prinzipbeur- teilungen • Projektkosten	• Komponenten- kosten • Funktions- kosten • Kosten von Konzept- varianten • Kosten- strukturen	• Kosten von Entwurfs- varianten • Kosten für Rohmateriali- en, Zuliefer- teile und Wie- derholteile • Grobe Ferti- gungskosten	• Kosten von Detailvarianten • Kosten der Einzelteile • Kosten von Verfahrens- alternativen • Fertigung- kosten	• Detaillierte Material- und Fertigungskosten • Personal-, Maschinen- und Gemeinkosten • Investitions- rechnungen • Make-or-Buy- Analysen
Kalkula- tionsver- fahren	• Pauschale Schätzung	• Teilbezogene Schätzung	• Entwicklungsdatenorientierte Kalkulationsformeln und Kostendatenbanken		• Fertigungsorient- ierte Zuschlags- kalkulation
Erzielba- re Ge- nauigkeit	± 50 %	± 10–20 %	± 5–15 %		± 2–5 % Quelle: Seibert, S., Stuttgart, 1998

Abb. 35: Entwicklungsphasen und Kostenkalkulation

Schätzungen

Für die Objekt-/Produkt-/Systemkostenkalkulation bieten sich in der Konzeptentwicklung als gängigste Methoden z. B. Schätzungen (pauschale oder teilprojektbezogene), Kalkulationsformeln und Zuschlagskalkulationen an. *Kostenschätzungen* bauen (ähnlich der Terminplanung) auf ExpertInnenschätzungen, Überschlagsverfahren mittels Kennzahlen, Ähnlichkeitskalkulationen und Unterschiedskostenkalkulationen auf.

Kalkulationsformeln
Kalkulationsformeln werden aus der Auswertung vergangener ähnlicher Vorhaben entwickelt. Dabei wird mit Hilfe von Regressionsrechnungen ein funktionaler Zusammenhang zwischen der Form und dem Herstellungsaufwand ermittelt und auf den vorliegenden Lösungsvorschlag angewendet.

Zuschlagskalkulation
Die Zuschlagskalkulation differenziert zwischen den einem Objekt/Produkt/System direkt zurechenbaren Einzelkosten und den nicht direkt zurechenbaren sog. Gemeinkosten. Die Kalkulation erfolgt durch die Aufsummierung aller ermittelbaren direkt zurechenbaren Kosten und einem anschließenden prozentualen Zuschlag der Gemeinkosten.

Wertanalyse
Für einen ersten Optimierungsschritt im Rahmen der Kostenkalkulation empfiehlt sich z. B. die sog. Wertanalyse.
Unter Wertanalyse wird eine systematische Untersuchungsmethode verstanden, die dazu dient, bestimmte Funktionen eines Objektes/Produktes/Systems mit niedrigstmöglichem Aufwand realisieren zu können, ohne dabei die in der Zielplanung festgelegten Qualitäten zu vernachlässigen. Die Wertanalyse ist ein vielseitig einsetzbares Kostensenkungsinstrument, das allerdings auch selbst erhebliche Aufwände erzeugen kann, sodass sich deren Anwendung nicht bei allen Lösungsfragen lohnt. Sie ist eine mittlerweile genormte Methode, wobei die wichtigsten Maßnahmen folgende sind:
  – Reduzierung von Bestandteilen
  – Einsatz kostengünstigerer Ressourcen
  – günstigere Herstellungsverfahren
  – veränderte Maße (Gewicht, Inputgrößen etc.)
  – Verwendung von Normteilen
  – Erweiterung von Toleranzbereichen
  – Fremdbezug statt Eigenfertigung („make or buy") etc.

Wirtschaftlichkeitsbetrachtung
Für die Wirtschaftlichkeitsbetrachtung bieten sich eine Reihe von Instrumenten und Methoden an, die hier nur im Überblick präsentiert werden können. Man kann grob zwischen monetären und nicht monetären Ansätzen unterscheiden, wobei die monetären umsatz- oder kostenorientiert sind, während

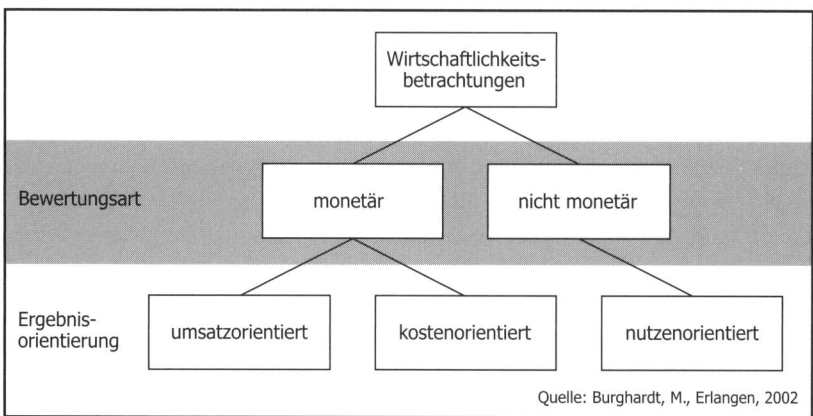

Abb. 36: Arten von Wirtschaftlichkeitsbetrachtungen

die nicht monetären den speziellen und allgemeinen Nutzen untersuchen und bewerten (siehe Abb. 36).

Umsatzorientierte Methoden sind etwa die Projektdeckungsrechnung, die Produkt-Ergebnisrechnung und die Produkt-Renditerechnung.

Projektdeckungsrechnung
Bei der Projektdeckungsrechnung handelt es sich um eine Methode, bei der projektbegleitend die investierten Kosten für die Entwicklung (Herstellung) den möglichen Rückflüssen gegenübergestellt werden. Man kann so die Projektkostendeckung besser beurteilen und eine Einschätzung der Wirtschaftlichkeit vornehmen. Sie beruht auf den Grundgrößen Entwicklungskosten, kalkulatorische Rückflüsse und Entwicklungszeit (Nutzungsbeginn).

Produkt-Ergebnisrechnung/Produkt-Renditerechnung
Mit der Produkt-Ergebnisrechnung wird eine mögliche Umsatzrendite bestimmt, die den gesamten Produktlebenszyklus erfasst.
Die Produkt-Renditerechnung stellt alle einem Produkt direkt zuordenbaren Finanzmittel den zu erwartenden Einnahmenüberschüssen gegenüber. Die im Laufe des Produktlebenszyklus auf einzelne Jahre verteilten Differenzwerte (Einnahmenüberschüsse minus Finanzmitteleinsatz) werden nach der internen Zinsfußmethode (vgl. dynamische kostenorientierte Methoden) abgezinst.
Kostenorientierte Methoden werden in statische (Kostenvergleichsrechnung, Rentabilitätsrechnung, Amortisationsrechnung etc.) und dynamische (Kapital-

wertberechnung, interne Zinsfuß- bzw. Marginalrenditenrechnung, Geschäfts-
wertbeitragsrechnung etc.) Rechenmethoden unterteilt.

Kostenvergleichsrechnung
Unter Kostenvergleichsrechnung wird die Gegenüberstellung der Kosten meh-
rerer funktionsgleicher Lösungsalternativen verstanden, um die optimale Problemlösung zu ermitteln. Dabei wird unterstellt, dass alle betrachteten Alternativen ähnliche (wirtschaftliche) Ergebnisse (Output) liefern. Sie eignet sich
deshalb besonders für organisationsinterne Projektvorhaben als Optimierungs-
betrachtung.

Gewinnvergleichsrechnung
Die Gewinnvergleichsrechnung ist der Kostenvergleichsrechnung ähnlich, nur
können hier auch einzelne Lösungsansätze für sich beurteilt werden. Neben
den Kosten werden auch Erlöse in die Betrachtung eingeschlossen. Am besten
schneidet dann jene Alternative mit dem höchsten durchschnittlichen Gewinn
pro untersuchter Periode ab.
Bei Betrachtung eines einzelnen Vorhabens muss innerhalb eines bestimmten
definierten Zeitraumes die Differenz zwischen Aufwand und Ertrag positiv
sein, bzw. einen gewünschten oder geforderten Mindestgewinn überschreiten.

Gewinnschwellenanalyse (Break-Even-Analyse)
Bei der Gewinnschwellenanalyse (Break-Even-Analyse) wird ermittelt, mit welcher durchschnittlichen Menge pro Periode wie viel Erlös erwirtschaftet werden
muss, damit alle mit der Finanzierung, der Herstellung (Entwicklung) und dem
Vertrieb (Lieferung etc.) verbundenen Kosten abgedeckt sind. Damit wird u. a.
sichtbar, ob ein Produkt/Objekt überhaupt im Lebenszyklus rentabel wird.

Rentabilitätsrechnung
Im Rahmen der Rentabilitätsrechnung werden Lösungsalternativen dann interessant, wenn deren Rentabilität über einer geforderten Mindestrentabilität
liegt (z. B. bei Immobilienprojekten). Die Mindestrentabilität orientiert sich an
alternativen Möglichkeiten der Veranlagung auf Kapitalmärkten. Die Rentabilitätsrechnung ermittelt die Verzinsung einer Investition („return-on-invest-
ment" – ROI), indem ein repräsentativer Jahresgewinn mit der durchschnittlichen Kapitalbindung in Beziehung gesetzt wird.

Statische Amortisationsrechnung

Bei der statischen Amortisationsrechnung geht es um die Frage, nach welcher (Amortisations-)Dauer sich eine Investition „rechnet", d. h. in welchem Zeitraum sich der Kapitaleinsatz (inkl. Kapitalkosten) aus Erlösen wieder abdecken lässt. Diese auch Pay-back-, Pay-off-, Kapitalfluss- oder Cash-flow-Rechnung genannte Methode bewertet eine Lösungsalternative dann als optimal, je kürzer die Amortisationsdauer gegenüber der erwarteten Nutzungsdauer ist. Je überschaubarer ein Lebenszyklus ist, desto besser eignen sich statische Bewertungsmethoden.

Im anderen Fall sind dynamische Verfahren vorzuziehen. Sie bilden die zukünftige Situation besser ab, sind allerdings auch komplexer in ihrer Struktur und Anwendung. Um die verschiedenen Lösungsansätze wirtschaftlich vergleichbar zu machen, werden dynamische Verfahren durch Diskontierung (Abzinsung) auf den Investitionszeitpunkt normiert. Laut Zinseszinsrechnung sind z. B. Geldbeträge (Investitionen) desto weniger Wert, je längerfristiger sie gebunden sind. Bei der Abzinsung (Diskontierung) wird nun errechnet, welcher Gegenwert (Barwert oder Kapitalwert) zum gegenwärtigen Zeitpunkt eingesetzt werden muss, um nach einer bestimmten Investitionsdauer ein bestimmtes Guthaben zu besitzen.

Kaptitalwertmethode

Bei der Kapitalwertmethode (auch Barwert-, Diskontierungs- oder Present-Value-Methode etc.) werden alle mit einer Investition zusammenhängenden Ein- und Auszahlungen im Lebenszyklus auf den Zeitpunkt vor der Investition abgezinst. Dabei ergibt sich der Kapitalwert als Differenz zwischen der Summe der Barwerte aller Einzahlungen und der Summe der Barwerte aller Auszahlungen. Investitionsalternativen sind dann verfolgenswert, wenn ihr Kapitalwert größer oder gleich null ist.

Dabei spielt der eingesetzte Kalkulationszinsfuß eine entscheidende Rolle. Dieser muss letztlich vom Investor/der Investorin oder ProjektentwicklerIn subjektiv festgelegt werden. Er/Sie bestimmt darüber, was eine Investition im Vergleich „wert" ist (unter der Prämisse eines festgelegten Zinsfußes, der sich z. B. am Kapitalmarkt oder den bekannten Risiken bemisst).

Interne Zinsfußmethode

Die interne Zinsfußmethode geht den umgekehrten Weg. Es wird der tatsächliche Zinsfuß errechnet, der sich aus den erwarteten Ein- und Auszahlungen im Lebenszyklus eines Vorhabens ergibt und der zu einem Kapitalwert von größer gleich null führt. Dieser errechnete Zinsfuß wird als Verzinsung des eingesetzten Kapitals mit dem Kalkulationszinsfuß verglichen (Rentabilitätskennzahl). Eine Alternative ist dann interessant, wenn ihr interner Zinsfuß größer gleich dem Kalkulationszinsfuß ist.

Allen beschriebenen quantitativen Methoden ist gemeinsam, dass sie im Vorfeld fundierte Analysen mit einem hohen Informationsbedarf erfordern. Sie haben den Vorteil monetärer Beurteilungsmöglichkeiten und schränken aufgrund ihrer objektivierenden Ansätze den subjektiven Interpretationsspielraum der EntscheiderInnen deutlich ein.

Das wird allerdings mit einem relativ hohen Aufwand, Pseudogenauigkeit von Ergebnissen, der Einflussmöglichkeit bei bestimmten Parametern (z. B. Kalkulationszinsfuß) und der fehlenden Berücksichtigung qualitativer Aspekte erkauft.

Berücksichtigung von Unsicherheit (Risiken)
Zur besseren Berücksichtigung unsicherer Erwartungen (Risiken) werden als vierte Stufe (Sicherheitsfilter) im Rahmen der Wirtschaftlichkeitsprüfung verschiedene Methoden vorgeschlagen (Seibert, 1998):
– Korrekturverfahren
– Risikokennzahlen und Sensitivitätsanalysen
– Wahrscheinlichkeitsschätzungen
– Best-Case- und Worst-Case-Darstellungen
– Risikoanalyse

Korrekturverfahren
Korrekturverfahren schlagen sich im Wesentlichen in der Anwendung von Risikozu- oder -abschlägen nieder. Der Kalkulationszinsfuß wird bei unsicheren Erwartungen z. B. erhöht, sodass ein risikoreiches Projekt potentiell unattraktiver wird. Oder es werden Rückflusserwartungen mit einem Abschlag (Sicherheitsabschläge) oder Kostenschätzungen mit einem Zuschlag (Risikozuschlag) versehen. Nachteil ist die äußerst subjektive Basis dieser Methoden, die bei Projekten mit großem Planungsaufwand kaum in Frage kommen sollten.

Risikokennzahlen und Sensitivitätsanalysen
Risikokennzahlen und Sensitivitätsanalysen helfen dabei, Risiken im Projektlebenszyklus transparent und damit bewusst zu machen. Es geht dabei im Wesentlichen darum, mittels Kennzahlen kritische Grenzwerte aufzuzeigen, bei deren Unter- oder Überschreiten ein Vorhaben uninteressant wird.

Wahrscheinlichkeitsschätzungen
Wahrscheinlichkeitsschätzungen berücksichtigen das Risiko eines Vorhabens dadurch, dass z. B. die ermittelten Wirtschaftlichkeitswerte einer Alternative im Hinblick auf die mit ihnen verbundenen Unsicherheiten reduziert werden. Dazu werden Eintrittswahrscheinlichkeiten spezifischer Risiken ermittelt und bewertet.
„Objektive" Wahrscheinlichkeiten lassen sich z. B. anhand des Anteils ähnlicher erfolgreich durchgeführter Projekte an der Gesamtzahl aller Projekte einer Kategorie ableiten, während „subjektive" Wahrscheinlichkeiten den Grad des Vertrauens der ExpertInnen in eine erfolgreiche Umsetzung angeben.

Best- und Worst-Case-Darstellung
Eine speziell bei risikoreichen Investitionen (Vorhaben) häufig angewandte Methode zur Berücksichtigung unsicherer Erwartungen ist die Best- und Worst-Case-Darstellung.
Neben der sog. Normalentwicklung wird die Entwicklung unter günstigsten, realistischen Bedingungen („best case") sowie unter ungünstigsten, realistischen Bedingungen („worst case") analysiert, durchgerechnet und dargestellt. Damit wird die mögliche Bandbreite der zukünftigen Entwicklung eines Projektes realistisch abgesteckt und den InvestorInnen eine interessante Entscheidungshilfe angeboten.

Risikoanalyse
Bei der (wirtschaftlichen) Risikoanalyse werden die Grundparameter der Wirtschaftlichkeitsberechnung (Kapitaleinsatz, Preise, Mengen, Erlöse etc.) innerhalb bestimmter Grenzen so variiert, dass für die Zielgröße (z. B. Kapitalwert oder Zinsfuß) Wahrscheinlichkeitsverteilungen errechnet werden können.
Dazu müssen für jede Lösungsvariante mögliche unerwünschte Ereignisse (technische, terminliche, wirtschaftliche, juristische, politische oder naturbedingte Risiken etc.) identifiziert und deren Eintrittswahrscheinlichkeit in Bezug auf die Eingangsparameter festgelegt werden. Anschließend wird dann auf Basis dieser Werte mit Hilfe von Zufallsdaten iterativ für jede Eingangs- und Ausgangsgröße die Wahrscheinlichkeitsverteilung ermittelt. Die Ergebnisse werden meist in grafischer Form aufbereitet (Risikokurven einzelner Projekte) und damit leichter vergleichbar gemacht.
Ein wesentlicher Effekt der Risikoanalyse ist – unabhängig von ihrer Verwendung innerhalb der Wirtschaftlichkeitsbetrachtung – die Möglichkeit der Entwicklung von etwaigen Gegenmaßnahmen. Damit wird die Basis für den Auf-

bau des *Risikomanagements* geschaffen (vgl. 7.2.1.3 Spezifikation, Detail-
und Ausführungsplanung).

Nutzwertanalyse
Die fünfte Stufe (mehrdimensionaler Filter) der Machbarkeitsbetrachtung stellt
die Nutzwertanalyse dar. Sie unterstützt besonders die Finalentscheidung über
Lösungsvarianten, da sie Aspekte wie Funktionalität, Umweltverträglichkeit
und soziale Akzeptanz sowie Risiko einer Alternative berücksichtigen kann.
Diese Methode, auch „Scoring" oder Produktbewertungsverfahren genannt,
zielt vor allem auf die (subjektive) Einschätzung der funktionalen Nützlichkeit
von Alternativen ab. Sie ist besonders dann hilfreich, wenn quantitative Methoden keine signifikanten Ergebnisse liefern, überhaupt nicht einsetzbar sind oder
die errechneten Werte kaum differieren.
Mit der Nutzwertanalyse kann ein mehrdimensionales Zielsystem berücksichtigt werden, das sich aus qualitativen und quantitativen Zielkriterien zu-
sammensetzt. Dabei werden alle Varianten hinsichtlich ihres Beitrags zur Zielerreichung (Nutzwert) von einem ExpertInnengremium zahlenmäßig bewertet
und verglichen.
Sie schafft eine Objektivierung subjektiver Einschätzungen, indem sie die Entscheidungen von AkteurInnen für bestimmte Alternativen transparent und
nachvollziehbar gestaltet.
Der Analyseprozess läuft dabei in folgenden Schritten ab:
   1. Ableitung der Bewertungskriterien (Zielkriterien) aus der Zielplanung,
      der Anspruchgruppen- und Risikoanalyse.
   2. Gewichtung der formulierten Zielkriterien: Dabei wird einzelnen Krite-
      rien unterschiedliche Bedeutung im Gesamtzusammenhang des Ziel-
      systems in Form eines Gewichtungsfaktors zugewiesen.
   3. Bewertung der Lösungsvarianten (Zielerfüllungsgrad wird in Zahlen
      ausgedrückt, z. B. von 1 bis 10): Die Auswahl des Bewertungsteams
      spielt für die Qualität der Ergebnisse naturgemäß eine große Rolle.
   4. Errechnung des Nutzwertes durch Multiplikation des Zielerfüllungs-
      grades jeder Variante bei allen Kriterien mit den entsprechenden Ge-
      wichtungsfaktoren. Anschließend werden die Werte für jede Variante
      summiert und nach ihrer Höhe gereiht. Die Variante mit der höchsten
      Bewertung hat somit laut ExpertInnenmeinung den höchsten Nutzwert.
Ein Vorteil der Methode ist u. a., dass einzelne „Bewertungsausreißer" einer
Diskussion zugeführt werden können und damit häufig Klärungs- und Opti-
mierungsprozesse einhergehen.

Zur Illustration sei auf das Beispiel in Abb. 37 verwiesen.

Zielkriterien	Gewichtungs-faktor	Alternativen					
		Elektrisches Schiebedach		Mechanisches Faltdach		Automatisch versenkbares Dach	
	g	x_1	$x_1 \cdot g$	x_2	$x_2 \cdot g$	x_3	$x_3 \cdot g$
Geringe Herstellkosten	0,2	4	0,8	8	1,6	2	0,4
Gute Bedienbarkeit	0,2	8	1,6	2	0,4	8	1,6
Hohe Zuverlässigkeit/ geringe Reparaturanfälligkeit	0,005	6	0,3	10	0,5	6	0,3
Niedriger Geräuschpegel im Innenraum	0,005	8	0,4	8	0,4	6	0,3
Hohe Fahrzeugsicherheit	0,2	10	2	4	0,8	8	1,6
Niedriger Kraftstoffverbrauch	0,15	10	1,5	8	1,2	10	1,5
Ansprechendes Design	0,15	10	1,5	4	0,6	10	1,5
Σ	1		8,1		5,5		7,2

Vorteilhafteste Alternative

Quelle: Vahs/Burmester, 2002

Abb. 37: Beispiel einer Nutzwertanalyse

Grobplanung

Parallel zur Machbarkeitsuntersuchung oder im Anschluss daran wird die sog. Grobplanung des Objektes/Produktes/Systems weiterentwickelt. Sie baut auf die erste Strukturierung (Projektstrukturplan) im Rahmen der Modellbildung (Leistungsbeschreibung) auf und ist die Basis für einen fortlaufenden Optimierungsprozess innerhalb der Konzeption. Im Rahmen der Grobplanung ist vor allem auf die vielfältigen Beziehungen zwischen den einzelnen Teilsystemen, Prozessen und Aufgaben zu achten. Sie dient der Konkretisierung der Modellbildung in Form einer groben Umsetzungsplanung aller relevanten Bereiche.

Als Faustregel für die Planungstiefe kann gelten: „So weit wie nötig – so wenig wie möglich!" (Aggteleky/Banja, 1992:217).

Die Grobplanung bildet in einem groben Maße alle wesentlichen Aspekte und Faktoren der Umsetzung der konzipierten Lösungen ab. Sie dient der Gesamtdarstellung des Vorhabens und zeigt vor allem auch die organisatorische Machbarkeit im Rahmen des Zielsystems auf.

Bestandteile der Grobplanung sind neben der Ziel-, System- und Strukturplanung, Aufwands- und Kostenschätzung (Kostenplanung), Risikoabschätzung sowie auch eine vorläufige Termin- und Ablaufplanung. Die vorläufige Kostenplanung in Form der Aufwands- und Kostenschätzung gibt dabei bereits er-

146

ste Auskünfte über Ressourcen- und Personaleinsatz. Darüber hinaus enthält die Grobplanung auch Vorstellungen über die Aufbauorganisation (Projektleitung, Projektgremien, Projektbüro etc. – vgl. 7.3 Formen der Führung – Instrumente und Methoden) und entsprechende Projektpläne zur Übersicht von Struktur, Terminen, Aufwänden, Kosten, Ressourceneinsatz etc. Die Grobplanung ist somit die eigentliche Grundlage der folgenden Spezifikation, Detail- oder Ausführungsplanung.

Konzeptbeschreibung
Der Bogen der Konzeptentwicklung schließt sich mit der Konzeptbeschreibung. Für sie gilt in abgewandelter Form: So genau wie nötig – so übersichtlich und kurz wie möglich!
Die Konzeptbeschreibung ist in der Regel das zentrale Dokument für die Finalentscheidung der InvestorInnen. Sie bildet deshalb die Basis für Finanzierungsverhandlungen, Förderungsansuchen oder PartnerInnensuche etc.
Es empfiehlt sich parallel zum eigentlichen Konzeptbericht (Produktstudie, Exposé etc.) auch die Entwicklung einer Kurzfassung (Executive Summary) und einer grafisch aufbereiteten Präsentationsfassung. Die Konzeptbeschreibung (Konzeptbericht) stellt für das Projektvorhaben das entscheidende und wichtigste Kommunikationsmittel vor der eigentlichen Realisierung dar.

7.2.1.3 Spezifikation, Detail- und Ausführungsplanung
Während bei der Konzeptentwicklung und Konzeptplanung die Entwicklung und Bewertung der Problemlösung im Mittelpunkt steht, liegt der Schwerpunkt der Spezifikation oder Detailplanung auf der Realisierung derselben (vgl. 7.1.2.1 Projektlebenszyklus und Phasenplanung). Sie dient, abgeleitet aus den Planungsprämissen (Ziele, Termine, Kosten), der Erfüllung der Funktionalität der termingerechten Projektabwicklung und der Einhaltung geplanter Budgets. Sie repräsentiert die Start-up-Prozesse im Rahmen des Entrepreneurships. Die Detailplanung ist die Basis für die Projektüberwachung während der Ausführung und stellt das zentrale Koordinationsmedium für alle Projektbeteiligten bei der Umsetzung des Vorhabens dar. Die Realisierung des Neuen erfordert meist die Zusammenarbeit unterschiedlichster spezialisierter AkteurInnen und ExpertInnen unter Einsatz vielfältiger Ressourcen. Diesen AkteurInnen dienen die angefertigten Spezifikationen als Grundlage für ihre eigene Planung, für Angebotskalkulationen und die Durchführung der übernommenen Aufgaben. Auf AuftraggeberInnenseite werden sie als Basis für die

Beauftragung von Projekten, Teilprojekten oder Arbeitspaketen entweder direkt oder im Zuge von Ausschreibungen benötigt.

Allgemein formuliert lässt sich die Ausführungs- oder Detailplanung in drei Schritte gliedern:

1. Aufbereitung der Planungsgrundlagen auf Basis der Konzeptentwicklung (siehe Grobplanung)
2. Detailplanung für Ausschreibungen und Angebotseinholung (Beschaffung), sowie für die Auftragserteilung, die kaufmännische Abwicklung und Logistik
3. Detailplanung während der Realisierung (Änderungsplanung und Änderungsmanagement) und Implementierung (Abnahme, Übergabe etc.).

Man erkennt an dieser Darstellung den ebenfalls grundsätzlich rekursiven, d. h. optimierenden Charakter der Detailplanung, die im Grunde bis zu den Abschlussarbeiten präsent bleibt.

Ein wichtiger Aspekt der Detailplanung ist im Falle einer Fremdvergabe von Leistungen die Formulierung möglichst „lieferantenunabhängiger" Spezifikationen, um die Vergleichbarkeit von Angeboten sicherzustellen. In weiterer Folge werden diese lieferantenneutralen Spezifikationen nach der Auftragsvergabe im Zuge der sog. Feinplanung entweder vom Auftragnehmer/der Auftragnehmerin oder vom Projektentwickler/der Projektentwicklerin weiter detailliert und angepasst.

In diesem Zusammenhang ist die intensive Zusammenarbeit der Fachbereiche mit dem Projektmanagement besonders entscheidend.

Wesentliche Elemente der Detailplanung sind:

– Ausführungsplanung
– Einsatzmittelplanung
– Kostenplanung
– Risikoplanung

Ausführungsplanung

Die Ausführungsplanung splittet sich in eine detaillierte *Termin- und Ablaufplanung* (vgl. 7.1.2.2 Ablauf- und Terminplanung) sowie in die *Aufgabenplanung* auf Basis der Strukturplanung (vgl. 7.1.1.1 Projektstrukturplanung). Die Arbeitsplanung steht im Mittelpunkt der Projektplanung, weil sich daraus alle anderen Planungen unmittelbar oder mittelbar ableiten. Während der Detailplanung werden Termine und Abläufe z. B. bis auf Tagesebene detailliert dargestellt. Auf der Objekt-/Produkt-/Systemebene werden die Detailplanungen von den jeweiligen Fachbereichen (ExpertInnen, SpezialistInnen etc.) ausgeführt.

Einsatzmittelplanung

Ziel der Einsatzmittelplanung (oder Mittelverwendungsplanung) ist die Vorhersage und Überwachung der jeweiligen Bedarfe im Zuge der Realisierung. Dazu gehören Geldmittel, Personal, Expertise oder sonstige Betriebsmittel (Materialien, Maschinen etc.). Die Einsatzplanung von Geldmitteln wird im Zuge der Kostenplanung erläutert.

Das Einsatzmittel Personal umfasst je nach Strukturierung und Aufgabenverteilung (Fremdvergaben) alle für das Projekt eingesetzten Personen, deren Einsatz vom Projektmanagement direkt beeinflusst werden kann. Dabei sollten folgende Aspekte Berücksichtigung finden: Qualifikation, Verfügbarkeit hinsichtlich Termine, Einsatzzeiten, Örtlichkeit und organisatorischer Einbindung.

Meistens läuft die Personaleinsatzplanung auf die Fragen einer termintreuen oder kapazitätstreuen Planung hinaus, d. h. welche Kapazitäten werden zur Einhaltung der Termine benötigt oder welcher Termin kann mit vorhandenen Kapazitäten eingehalten werden.

Entscheidend ist neben der Bedarfsermittlung eine zeitgerechte Vorratsbetrachtung, d. h. festzustellen, welche Personalkapazität für eine bestimmte Aufgabe je Zeiteinheit überhaupt verfügbar ist. Durch die Gegenüberstellung von Bedarf oder Vorrat kann schließlich der Personaleinsatz realistisch geplant und optimiert werden.

Ähnlich erfolgt die Einsatzmittelplanung der sonstigen Betriebsmittel, wobei hier zusätzlich zwischen „verzehrbaren" (z. B. Geld, Materialien etc.), d. h. nur einmal verwendbaren, und „nichtverzehrbaren", also wiederverwendbaren Mitteln unterschieden wird. Bei Letzteren stellt lediglich die zeitliche Beanspruchung eine Begrenzung des Einsatzes dar.

Es werden im Wesentlichen drei Formen der Betriebsmitteleinsatzplanung unterschieden:

1. Vorratseingeschränkte Einsatzplanung, d. h. bestimmte Betriebsmittel stehen nur beschränkt zur Verfügung und müssen möglichst effizient eingeteilt oder verwendet werden (z. B. durch Schichtplanung).

2. Bedarfsbezogene Einsatzplanung – dabei geht man von einem nichtbeschränkten Vorrat aus und richtet sich direkt nach den ermittelten Bedarfen.

3. Freie Einsatzplanung – hier ist die freie Belegung von Ressourcen jederzeit durch die jeweiligen NutzerInnen nach Arbeitsanfall möglich. Warteschlangenprobleme bei Überbelag müssen durch entsprechende Regelungen (z. B. Reservebildung) gelöst werden. Die Planung besteht

dabei hauptsächlich aus dem Festlegen von „Spielregeln" und deren
Überwachung.

Kostenplanung und Budgetierung
Grundlage für die Kostenplanung und Budgetierung sind vor allem die Grobplanung und die Wirtschaftlichkeitsprüfung. Im Zuge der Detailplanung werden die vorliegenden Schätzungen sukzessive in konkrete Preise und Echtkos-
ten übergeführt (z. B. im Zuge der Angebotsphase oder Bedarfsermittlung).
Im Wesentlichen geht man von der Ermittlung und Quantifizierung der kos-
tenverursachenden Einflussfaktoren aus, die dann in Geldwert umgerechnet
auf eine bestimmte zeitliche Periode bezogen werden.
Die Kostenplanung und Kostenstrukturoptimierung im Projektverlauf unterscheiden sich nicht von gängigen Methoden der allgemeinen Betriebswirtschaftslehre (z. B. Kostenarten-, Kostenstellen- und Kostenträgerrechnung),
sodass an dieser Stelle auf eine erläuternde Darstellung verzichtet wird.
Darstellenswert erscheint hingegen die grundlegende Struktur der Projektkalkulation durch folgende Abbildung. Sie zeigt vor allem die Zusammenhänge

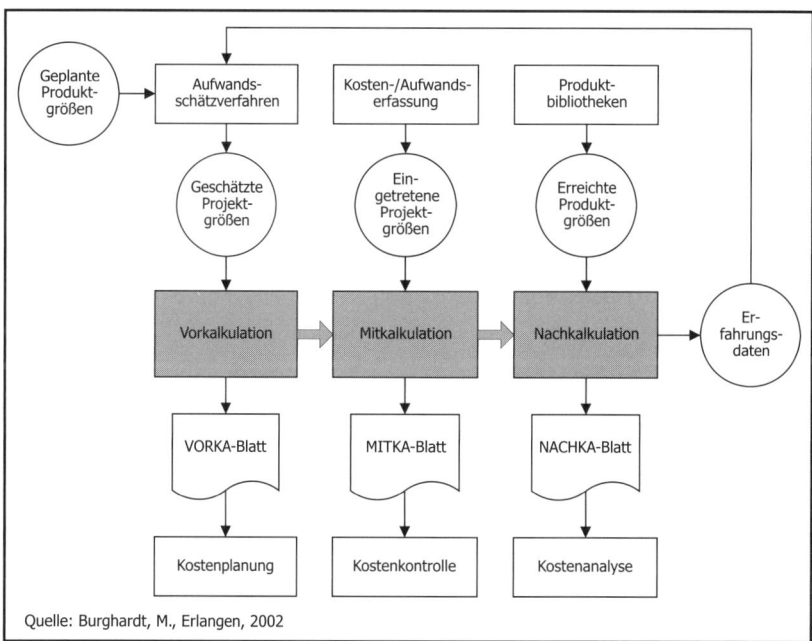

Abb. 38: Kreislauf der Projektkalkulation

zwischen unterschiedlichen Stufen und Schritten der Kostenbetrachtung auf Projektebene auf. Da eine genaue Kostenplanung in vielen Fällen zu schwierig ist oder der Aufwand dafür zu hoch wäre, empfiehlt sich in einfacheren Fällen eine sog. Differenzkostenrechnung, bei der nur die Abweichungen von den Schätzergebnissen analysiert werden und in die weitere Planung einfließen.

Ein Optimierungsimpuls für das Projektvorhaben geht in diesen Zusammenhang häufig von der Festlegung sog. *Projektbudgets* aus.

Unter einem Budget versteht man allgemein formuliert die zweckgebundene Bereitstellung von Geldmitteln und Ressourcen zur Durchführung eines Vorhabens. Budgetierung und Kostenplanung stehen sich im Projektgeschehen häufig diametral gegenüber. Die Budgetierung spiegelt in der Regel „Top-down" die Bereitschaft des Investors/der Investorin zur Bewilligung limitierter Mittel wider, während die Kostenplanung sich „Buttom-up" an den Bedürfnissen der Projektbeteiligten (AuftragnehmerInnen) orientiert.

Da die Entwicklung und Produktion von Innovationen und Unikaten prinzipiell Unsicherheiten beinhaltet, müssen beide Betrachtungsweisen im Projektverlauf ständig aufeinander abgestimmt und berücksichtigt werden. Dieses Spannungsfeld zwischen den beiden „Logiken" ist ein wesentlicher Faktor für die Entwicklung kreativer produkt- und prozessbezogener Lösungen (vgl. Kapitel 6 „Projektökologien").

Risikoplanung

Die Risikoplanung (Risikomanagement) bezieht sich direkt auf die in der Konzeptentwicklung durchgeführte Risikoanalyse (vgl. 7.2.1.2 Konzeptentwicklung) und beschäftigt sich mit der Risikoabsicherung und den Maßnahmen bei Eintreten eines Risikofalles.

Die in der Risikoanalyse identifizierten Risiken werden in bestimmte Kategorien gegliedert (z. B. Produktrisiken, Prozessrisiken, Managementrisiken, rechtliche und finanzielle Risiken etc.) und bewertet. Das durch ExpertInnen ermittelte Risikopotential ergibt sich u. a. aus der Risikoquelle, der Eintrittswahrscheinlichkeit, der potentiellen Schadenshöhe und vorhandener Vorsorgestrategien bzw. Maßnahmen (z. B. Versicherung). In technischen Projekten findet häufig eine Ausfallseffektanalyse („failure mode effect analysis" – FMEA) Anwendung. Dabei werden potentielle Risiken (Abweichungen) nach Eintrittswahrscheinlichkeit, Bedeutung für den Verfahrensbereich und Wahrscheinlichkeit der Entdeckung innerhalb eines strukturierten und genormten Schemas bewertet.

Risikoabsicherung

Die Risikoabsicherung oder Risikogestaltung versucht nun Gegenmaßnahmen zu entwickeln, wobei folgendes Vorgehensschema angewandt werden kann:

- *Risikovermeidung* oder Risikoverhütung sind präventive Maßnahmen zur Verhinderung von Risikofällen (z. B. Umstieg auf bekannte und sichere Verfahren, Ablehnung von Angeboten unbekannter AuftragnehmerInnen etc.).

- *Risikoverminderung* meint alle gestalterischen Möglichkeiten und Vorsorgemaßnahmen zur Reduzierung negativer Auswirkungen oder Schadenshöhen (z. B. durch Einplanung von Reserven, Bereitschaftsdienste, Ersatzteilmanagement, Notfallplanung etc.).

- Die *Risikoüberwälzung* ist ein weiteres probates Mittel des Risikomanagements. Dabei werden Risiken u. a. durch spezifische Vertragsgestaltung auf AuftragnehmerInnen überwälzt oder über sog. Risikofinanzierung gegen Entgelte (Prämien) auf professionelle Risikoträger (z. B. Versicherungen) übertragen.

- Am Schluss dieses Gestaltungsprozesses bleiben jene Risiken übrig, die der/die ProjektentwicklerIn bzw. der/die AuftraggeberIn selbst übernehmen muss. Speziell daran entscheidet sich oftmals, ob ein Projekt tatsächlich umgesetzt wird.

7.2.1.4 Controlling (Überwachung und Steuerung)
Überwachung und Steuerung sind Maßnahmen, die schwerpunktmäßig der Realisierungsphase (vgl. 7.1.2.1 Projektlebenszyklus und Phasenplanung) zugeordnet werden. Man muss allerdings festhalten, dass Kontroll- und Steuerungsmaßnahmen im Sinne rekursiver Entwicklungsprozesse genau genommen im gesamten Projektlebenszyklus Einsatz finden.

Das Maßnahmenspektrum bezieht sich allgemein auf Termine, Mitteleinsatz, Arbeitsfortschritt und Ergebnissicherung. Das grundsätzliche Schema umfasst die Schritte Datenerfassung, Soll-/Ist-Vergleich, Abweichungsanalyse und Steuerungsmaßnahmen (dieser Prozess wird in 7.2.2.2 Testgestaltung und Testverfahren sowie 7.2.3.1 Soll-/Ist-Vergleich etwas genauer erläutert). Projektkontrolle und Projektsteuerung sind strukturell auf den Vergleich einer Planung mit dem aktuellen Stand des Geschehens angewiesen. Das heißt, die Qualität der Abweichungsanalyse und Steuerung hängt von der Qualität der Zielreferenz (Planung) ab.

Projektüberwachung bedeutet die ständige Selbstbeobachtung des Vorhabens im Hinblick auf die Zielerreichung (vgl. 7.2.2 Experiment). Neben den Soll-/

Ist-Vergleichen beim Termin- und Ressourceneinsatz finden folgende zentrale Methoden und Instrumente der Projektsteuerung Anwendung.

Termintrendanalysen
Diese Methode findet vor allem bei Mehrperiodenprojektvorhaben Anwendung. Sie ist dann relevant, wenn Arbeitspakete mehrmals verschoben werden, sodass die Gefahr langfristiger Auswirkungen und der Kumulierung von Problemen besteht. Dazu muss ein Plan-Plan-Vergleich (d. h. geänderte Pläne werden mit ursprünglichen Ausführungen verglichen) einzelner Arbeitspakete vorgenommen werden. Nur so kann man schließlich Termintrendaussagen treffen.

Meilensteintrendanalyse
Meilensteine eignen sich aufgrund ihrer projektentscheidenden Stellung gut für Trendanalysen. Dabei werden Termine für bestimmte Meilensteine laufend und möglichst in periodischer Folge aktualisiert. Die Abweichungen vom Planverlauf werden grafisch dargestellt und zeigen meist sehr anschaulich, wie sich die projektrelevanten Meilensteinereignisse terminlich entwickeln. Basis ist auch hier ein Plan-Plan-Vergleich.

Trendanalysen für Aufwand/Kosten
Trendanalysen geben als Plan-Plan-Vergleiche insgesamt ein dynamischeres Bild der Entwicklungen wieder als punktuelle Soll-/Ist-Vergleiche im Projektverlauf und werden deshalb auch gerne im Rahmen der Aufwand-/Kostenkontrolle eingesetzt (z. B. Aufwands-, Kostentrendanalysen, Kosten-Meilensteintrendanalysen).

Integrierte Arbeitsfortschrittsdiagramme
Diese Methode stellt die umfassendste Darstellungsform und Analyse des Projektverlaufs dar. Dabei werden Kosten- und Leistungsabgleichungen in Beziehung gesetzt (siehe Abb. 39).

Produktfortschrittsanalyse
Wenn Leistungsmerkmale von Produkten eindeutig messbar sind, können diese hinsichtlich ihres Entwicklungsfortschritts begleitend überwacht werden. Die Produktfortschrittsanalyse lässt sich in Diagrammform besonders gut darstellen, wenn sachliche Größen, die stark voneinander abhängen oder sich sogar „diametral" bestimmen (wechselseitig bedingen), periodisch analysiert werden.

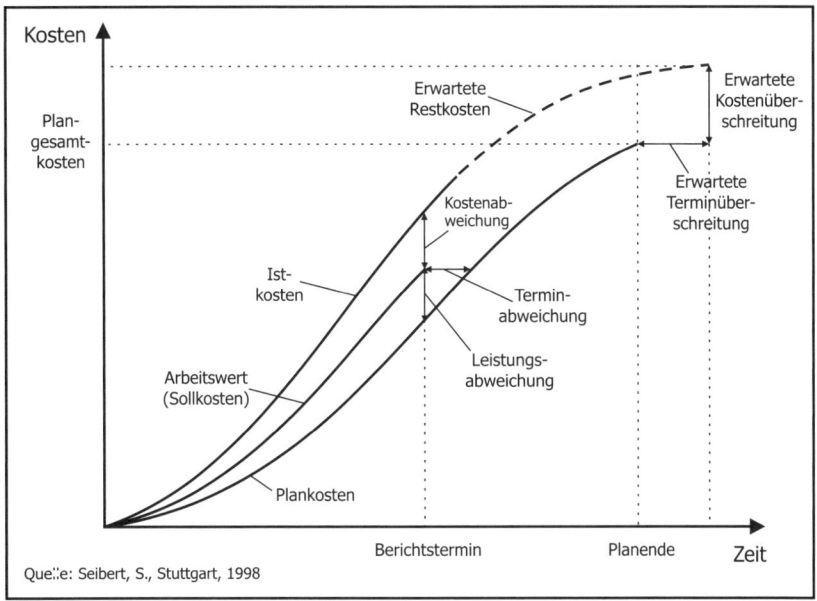

Abb. 39: Integriertes Arbeitsfortschrittsdiagramm

Projektfortschrittsanalyse
Zentrale Größe der Überwachung des Projektfortschrittes ist der sog. Fertigstellungsgrad. Er bestimmt sich aus der Gegenüberstellung des „fertigen Arbeitsvolumens" mit dem „gesamten Arbeitsvolumen" (siehe Abb. 40).

Restaufwands-/Restkosten-/Restzeitschätzung
Mit Hilfe der Restaufwandsschätzung wird prognostiziert, wie hoch der zu erwartende Gesamtaufwand am Ende des Projektes sein wird. Daraus lässt sich dann die Restkostenschätzung ableiten.
Zukunftsbezogene Restaufwandsschätzungen gehen von einem Zäsurpunkt aus (z. B. Meilenstein) und schätzen das noch zu erledigende Arbeitsvolumen ab. Die vergangenheitsbezogene Bestimmung orientiert sich an der bisherigen Entwicklung und extrapoliert diese in die Zukunft. Ähnliches lässt sich in Bezug auf die Restkosten und die Restzeit bewerkstelligen.

7.2.1.5 Implementierung/Projektabschluss
Implementierungsmaßnahmen dienen dem Projektabschluss bzw. der Überleitung in den Regelbetrieb. In der Regel umfasst diese Phase folgende Aufgaben:

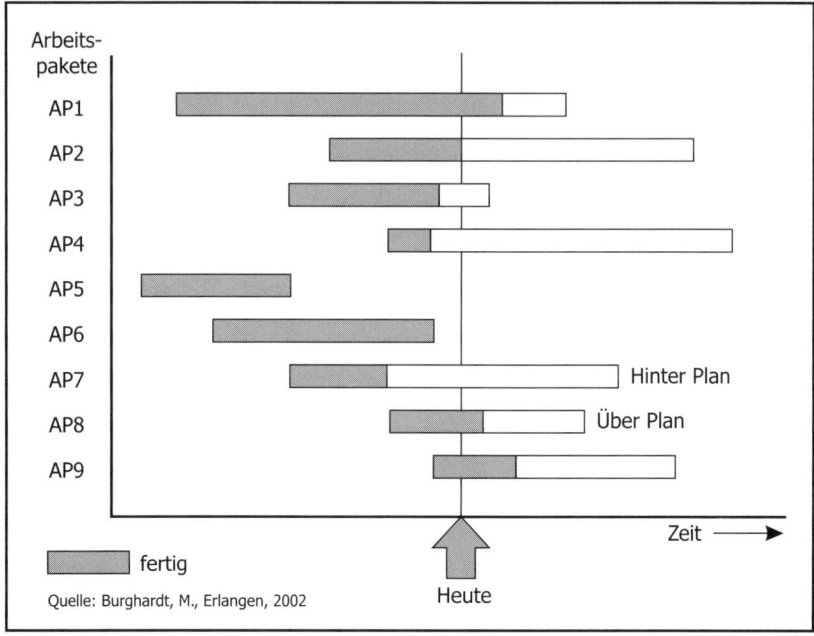

Abb. 40: *Angabe des Fertigstellungsgrades im Balkendiagramm*

- Übergabe/Abnahme/Probebetrieb/Mängelbehebung
- Abschlussanalyse
- Erfahrungssicherung
- Auflösen der Projektorganisation

Übergabe/Abnahme/Probebetrieb/Mängelbehebung
Je nach Objekt/Produkt/System liegen unterschiedliche Modalitäten dieser
Prozesse vor. Bei komplexeren Vorhaben empfiehlt sich die Planung und Re-
gelung (Vertragsbestimmung) der Übergabeprozedur.
Das Übergabeprotokoll beinhaltet z. B. Systembeschreibung, Dokumentation
(Entwurfs- oder Konstruktionsunterlagen, Verfahrensbeschreibungen, Benut-
zerInnenanleitungen, Wartungsunterlagen etc.), Beschreibung der Leistungs-
merkmale (Eigenschaften, Einsatzspektrum etc.) und Übergabeform (inkl.
Fristen, Einschulung etc.).
In anderen Fällen erfolgt die Abnahme z. B. durch Präsentationen (Medienindustrie, Werbewirtschaft etc.) bzw. müssen vor dem endgültigen Projektende

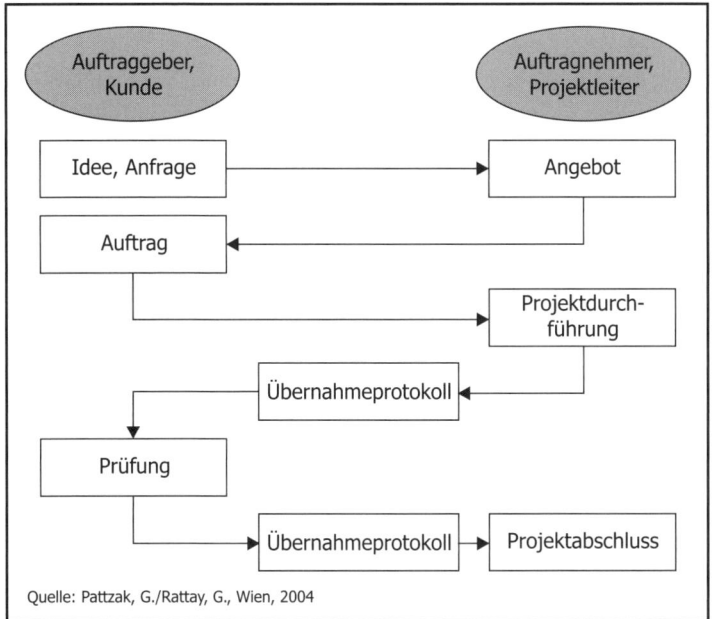

Abb. 41: Der Übergabeprozess als Ablaufdiagramm

Mängel behoben und sonstige Forderungen (Claimmanagement) erledigt werden (z. B. in der Bauindustrie). Jedenfalls aber steht im Mittelpunkt dieser Phase die endgültige Überprüfung (Tests) der Ergebnisse. Im Produktbereich erfolgt dies z. B. anhand spezifischer Abnahme-, Produkt-, Abschluss-, Akzeptanz- oder Pilottests mit anschließender Protokollierung.

Abschlussanalyse
Die Abschlussanalyse gibt letztlich darüber Auskunft, wie erfolgreich das Projektmanagement war. Dabei werden die ursprünglichen Annahmen mit den Ergebnissen des tatsächlichen Projektverlaufs verglichen, etwa Aufwände und Kosten, Termine und Dauer, Leistungsgrößen, Wirtschaftlichkeitskennzahlen, Funktionsanforderungen, Qualitätsmerkmale etc. Die Abschlussanalyse umfasst die Nachkalkulation (Soll-/Ist-Vergleich der kaufmännischen Daten), die Abweichungsanalyse (Analyse der Änderungen bei allen wesentlichen Projekt-/Produktparametern) und die Wirtschaftlichkeitsanalyse (Untersuchung

der Abweichung im Hinblick auf wirtschaftliche Folgen zur Vermeidung künftiger Fehleinschätzungen).

Erfahrungssicherung

Erfahrungssicherung ist Teil des Wissensmanagements der Projektleitung und dient der Effizienzsteigerung bei zukünftigen Projekten. Dazu gehört vor allem das Sammeln von erfahrungsrelevanten Daten im Projektlebenszyklus (z. B. Projekttagebuch). Erfahrungsrelevante Daten sind sowohl Messgrößen als auch Merkmalsbeschreibungen. Instrumente der Erfahrungssicherung sind vor allem Kennzahlensysteme, Erfahrungsdatenbanken, Befragung von Stakeholdern (Manöverkritik) oder Nachbewertung.

Auflösen der Projektorganisation

Die Projektauflösung markiert den Schlusspunkt des Vorhabens als Projekt. Diese nicht dem Zufall zu überlassen, sondern auch dabei planvoll vorzugehen, erhöht die Anschlussmöglichkeit bei zukünftigen Projekten im übergeordneten Kontext (Stakeholder) und ist ein wesentlicher Faktor für die Sicherung und Verteilung symbolischen Kapitals (Anerkennung und Reputation). Technisch gesehen beinhaltet dieser Prozess z. B. den positiven Abschluss aller Vereinbarungen (oder Einigung im Konfliktfall), Abhaltung von Abschlusssitzungen, Übergabe der vereinbarten Berichte an die Stakeholder, Verabschiedung der Projektmitglieder, Auflösung oder Rückgabe projektbezogener Infrastruktur etc.

Aus sozialer Sicht empfiehlt sich zumindest bei großen Vorhaben das Instrument einer Projektabschlussfeier. Da Projekte wesentlich von Verausgabung, Krisen und Konflikten geprägt sind, ist dies auch ein wichtiger Teil des Beziehungsmanagements im Hinblick auf zukünftige Projekte.

7.2.1.6 Methodenübersicht Entrepreneurship

Für eine vertiefende Auseinandersetzung mit den hier vorgestellten Methoden und Instrumenten sind die sehr detailreichen und praxisorientierten Darstellungen folgender Autoren zu empfehlen:
- Aggteleky, B./Bajna, N.: Projektplanung: ein Handbuch für Führungskräfte, München/Wien, 1992
- Burghardt, M.: Projektmanagement, Erlangen, 2002
- Seibert, S.: Technisches Management, Stuttgart/Leipzig, 1998

Phase	Methoden und Instrumente
1. Definitionsphase	Situationsanalyse
	Problemanalyse
	Zieldefinition
	Anforderungskatalog/Pflichtenheft
2. Konzeptionsphase	Modell-/Leistungsbeschreibung
	Lösungssuche/Systemwahl
	Anspruchsgruppenanalyse
	Wirtschaftlichkeitsprüfung
	Risikoanalyse
	Nutzwertanalyse
	Grobplanung
	Konzeptbeschreibung
3. Spezifikation, Detail- und Ausführungsplanung	Ausführungsplanung
	Einsatzmittelplanung
	Kostenplanung
	Risikoplanung
4. Realisierungsphase	Trendanalyse
	Fortschrittsanalyse
	Aufwands-/Kostenanalyse
5. Implementierungsphase	Übergabeinstrumente
	Abschlussanalyse
	Erfahrungssicherung
	Instrumente der Projektauflösung

*Abb. 42: Tabelle: Spezifische Methoden und Instrumente des Entrepreneurshipprozes-
ses im Projektlebenszyklus*

7.2.2 Experiment

Experimente werden, vor allem in der Wissenschaft, als methodisch angelegter
Versuchsaufbau definiert. Der operationale Kern des Experiments ist also der
Versuch. Versuche dienen der Entwicklung und dem Lernen und sind durch ih-
ren prinzipiell ungewissen Ausgang gekennzeichnet. Projekte stellen so gese-
hen einmalige Experimente dar, die ihre eigene temporäre Arbeitsumgebung
(„Labor") mitdefinieren und aufbauen.

Von einem Experiment wird erwartet, dass es bestimmte Ergebnisse liefert, die vorher definierten Vorstellungen (Plänen, Modellen) möglichst nahe kommen. Dazu bedarf es eines bestimmten „Versuchsaufbaus", der im Projekt durch das Konzept (Definition), die Spezifikation (Planung) und Prüfschritte (Soll-/Ist-Vergleich) bestimmt ist.

Projekte entsprechen damit auch ziemlich genau jener dreiteiligen Prozessstruktur, die Experimente allgemein kennzeichnen (Knorr-Cetina, 2002a):

- Prozesse des Selbstverstehens
- Prozesse der Selbstbeobachtung
- Prozesse der Selbstbeschreibung

Selbstverstehen meint hier, eine möglichst vollständige Darstellung des Vorhabens und des Gegenstandes vermitteln zu können, sowie nachvollziehbar zu machen, was in bestimmten Situationen genau passieren wird. Und damit auch herauszufinden, welche Prozesse wo, wie und warum stattfinden (vergleichbar der Projektkonzeption und Planung).

Selbstbeobachtung ist eine Form der Überwachung, des Monitoring. Hier wird nicht nur der Prozess selbst beobachtet, sondern auch die eigenen Interventionen, die bestimmte Effekte auslösen. In besonders komplexen Settings wird auch die Überwachung selbst wieder überwacht (vgl. 7.2.1.4 Controlling).

Selbstbeschreibung beinhaltet z. B. die Protokollierung des Geschehens, quasi als mitlaufende Geschichtsschreibung des Vorhabens. Sie dient der Nachvollziehbarkeit und damit dem Lernen, der Legitimation spezifischer Entscheidungen oder dem späteren Vergleich mit ähnlichen „Experimenten" (vgl. 7.2.2.3 Dokumentation und Berichtswesen).

Betrachtet man die fünf elementaren Prozessgruppen des Projektmanagements (PMBOK, 2000), so wird auch hier die Nähe zum wissenschaftlichen Experiment sichtbar:

- Initiierungsprozesse (Definition und Konzeption)
- Planungsprozesse
- Ausführungsprozesse
- Steuerungsprozesse
- abschließende Prozesse

Diese Prozesse sind miteinander verknüpft, in ständiger Wechselwirkung und überlappen sich im Zeitverlauf.

Die beschriebenen Prozessgruppen kommen in jeder Phase in unterschiedlicher Ausprägung zum Tragen.

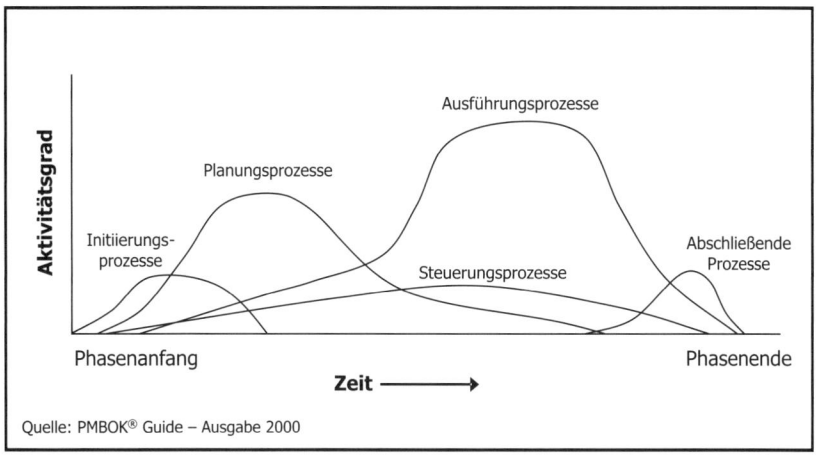

Abb. 43: Überlappungen von Prozessgruppen in einer Phase

Wie in Experimenten üblich, muss in Projekten ebenfalls immer wieder nachjustiert, geändert oder völlig neu geplant, ausgeführt, gesteuert und manchmal neu initiiert werden.

7.2.2.1 Meilensteinplanung

Ein wesentliches Merkmal der Projektorganisation ist die als „Stage-Gate"-Prozessdesign bezeichnete Phasengliederung (vgl. 7.1.2.1 Projektlebenszyklus und Phasenplanung). Dabei werden die Phasenübergänge („gates") durch definierte Entscheidungspunkte – sog. Meilensteine – markiert. Sie dienen vor allem der Überwachung (Reviewing) und stellen so eine spezifische Form der Selbstbeobachtung im Projektverlauf dar (siehe Abb. 44).

Allerdings finden sich Meilensteine nicht nur am jeweiligen Phasenende, sondern allgemein an geplanten Zeitpunkten, an denen für den Projektverlauf wichtige Ergebnisse vorliegen (müssen), die einer Entscheidung bedürfen.

Manchmal werden vom Auftraggeber/der Auftraggeberin (InvestorIn) sog. Pflichtmeilensteine zur Ergebniskontrolle vorgeschrieben (z. B. nach der Konzeptentwicklung oder nach der Herstellung eines ersten Prototypen etc.).

Die Unterteilung von Prozessketten mittels Meilensteinen ist eine wesentliche Aufgabe des Projektmanagements, weil diese Zäsuren die geplante Basis für alle relevanten Entscheidungsprozesse im Projektlebenszyklus darstellen. Zu-

Nr.	Bezeichnung	Phase	Review-Objekt	Kriterien	Hilfsmittel
1	Product Requirement Review (PRR)	Produktplanung	Lastenheft	Kundenanforderungen, Produktfunktionen	Markt-, Kunden- und Wettbewerbsanalysen
2	System Concept Review (SCR)	Konzeptentwicklung	Pflichtenheft	Funktionen, Herstellbarkeit, Montage, Wartung, Reparatur, Sicherheit, Recycling u.a.	Bewertungslisten, QFD, Nutzwertanalysen
3	System Design Review (SDR)	Systementwurf	Baugruppen	wie 2 sowie Optik, Haptik, Ergonomie u.a.	Checklisten, QFD, System-FMEA, Fehlerbaumanalyse, Versuchsmethodik, Zuverlässigkeitsanalyse
4	Critical Design Review (CDR)	Konstruktion	Prototypen	wie 3 sowie gesetzliche Vorschriften, Zuverlässigkeit u.a.	Checklisten, Qualitätsindices (z.B. Maßhaltigkeit), Konstruktions-FMEA, Bemusterungen, Versuchsmethodik, Dauerläufe
5	Manufacturing Design Review (MDR)	Vorserie/Nullserie	Fertigungsprozesse	wie 4 unter Serienbedingungen	Checklisten, Prozessfähigkeitsuntersuchungen, Versuchsmethodik
6	Finalfacturing Design Review (FDR)	Hauptserie	Serienprodukte	wie 5 mit seriengefertigten Produkten	Checklisten, Qualitätsregelkarten

Quelle: Seibert, S., Stuttgart, 1998

Abb. 44: Tabelle: Phasenbezogene Typen von Project Reviews

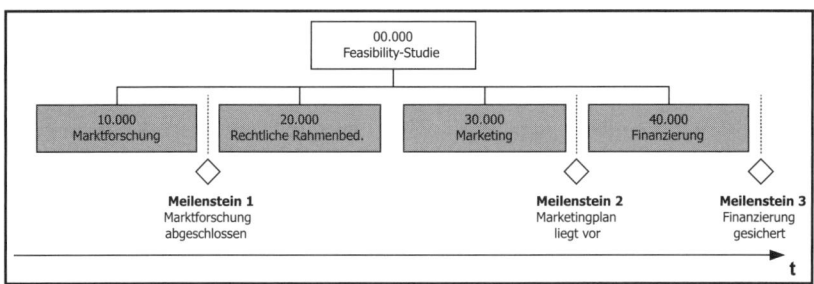

Abb. 45: Phasenplan mit Meilensteinen

dem ermöglichen diese Entscheidungszäsuren die notwendige Schleifenbildung für Änderungs- und Optimierungsprozesse.

Durch ausgewählte Meilensteine entsteht eine sog. Baseline der Entwicklungs- und Produktionszustände, die den jeweiligen „Reifezustand" des Projektvorhabens definieren.

Die Meilensteinplanung erschöpft sich jedoch nicht im Festlegen kritischer Termine, sondern sie beschäftigt sich vor allem auch mit der Konzeption des jeweiligen Entscheidungsschritts. Dazu muss zunächst das jeweilige geforderte Ergebnis (Reviewobjekt) definiert werden (z. B. Leistungsbeschreibung, Konzeptbeschreibung etc.).

Die Ergebnisse werden meist gegliedert in:
- Produktergebnisse
- Test- und Prüfergebnisse
- Dokumente
- Aufgabenerfüllung (Projektergebnisse, -ziele, Termine, Kosten)

Nächster Schritt der Meilensteinkonzeption ist das Design des Entscheidungsprozesses, wobei etwa Vorlagefristen, TeilnehmerInnenkreis, Präsentationsform, Bewertungsverfahren, Abstimmungsverfahren, Entwicklung und Verabschiedung von Maßnahmen etc. zu berücksichtigen sind.

Die Konzeption und Organisation von Meilensteinergebnissen sollte mit großer Sorgfalt, Umsicht und unter Einbindung der jeweils Verantwortlichen geschehen. Abschließend sind nach Durchführung der Meilensteinereignisse die Ergebnisse zu dokumentieren und ins Projektsystem zu implementieren (Maßnahmenplanung, -durchführung und -überwachung).

7.2.2.2 Testgestaltung und Testverfahren

Ein entscheidender Schritt jedes Versuches ist die Prüfung bestimmter Zustände im geplanten Ablauf. Diese Überprüfung (Test) dient der Fehlerbeseitigung, der Optimierung, der Weiterentwicklung etc., d. h. dem geplanten Lernen.

Grundsätzlich können Tests unter künstlichen (Labor-)Bedingungen (Simulation) oder unter realen Nutzungsbedingungen (Feldversuch) durchgeführt werden.

Man unterscheidet auch objekt-/produkt-/systembezogene Tests, die auf das Zielsystem (Projektanforderungen) ausgerichtet sind, und umweltbezogene Tests, die vor allem die Nutzung und Akzeptanz überprüfen helfen.

Die Durchführung von Tests wird allgemein in folgende Aktivitäten gegliedert:
- Vorbereitung
- Ausführung
- Auswertung

Zur Vorbereitung gehört etwa die Testspezifikation, die z. B. aus der Definition der Aufgabenstellung (inkl. Testziele), dem Testplan (Vorgehensweise), der Konfiguration des Testsystems (Voraussetzungen, Bedingungen) und der Ergebnissicherungsform besteht.

Gerade in der Testvorbereitung zeigt sich die Wichtigkeit von Zielplanung und Konzeptentwicklung, wodurch letztlich alle Voraussetzungen, die für die Entwicklung der Tests und deren Umgebung notwendig sind, geliefert werden. Ebenso wichtig wie eine gute Vorbereitung ist auch die Gestaltung der Testauswertung. Dabei spielen etwa Testprotokolle (Dokumente des Testverlaufes) eine große Rolle. Diese fließen u. a. in den abschließenden Testbericht ein, der in der Regel die Beschreibung des Vorgehens, die Ergebnisse, die Auswertung und/oder die Schlussfolgerungen umfasst.

Tests müssen keineswegs immer aufwändig und kompliziert sein (wie in vielen technischen Bereichen), sondern können auch aus schlichten Präsentationen einer Idee vor interessiertem Publikum bestehen. Wichtig ist dabei nur zu wissen, was getestet werden soll, planvoll vorzugehen sowie während der Ausführung alles zu unterlassen, was die Ergebnisse verfälschen könnte.

Im Folgenden werden übersichtsmäßig einige gängige Testformen im Projekt- und Innovationszusammenhang vorgestellt:

– *Pilotanwendungen* (oder Lead-User-Test)
  Diese aus der Marktforschung stammende Methode bindet bestimmte AnwenderInnentypen als „Lead-User" in die Entwicklung ein, d. h. AkteurInnen, die bestimmte Erfahrungen und Fähigkeiten für verschiedene Fragestellungen mitbringen und an dem Objekt/Produkt/System grundsätzlich interessiert sind.

– *Konzepttests* werden meist als Produkttests im Planungsstadium verwendet. Dazu werden schriftliche oder grafische Darstellungen oder Simulationen präsentiert und die Reaktion darauf untersucht.

– *Conjoint-Tests* sind eine Weiterentwicklung des Konzepttests, bei denen gleichzeitig Varianten eines Objektes/Produktes/Systems mit ähnlichen oder gleichen Merkmalen aber unterschiedlicher Ausprägungen beurteilt werden.

– *Klassische Produkttests* können vor allem für die Überprüfung der Akzeptanz eingesetzt werden. Dazu werden etwa Muster, Warenproben oder Prototypen verwendet. Produkttests sind ein vielfältig einsetzbares Instrument in der Entwicklungs- und Realisierungsphase von Projekten.

– *Testmarktverfahren* dienen nicht nur der Akzeptanzprüfung, sondern der Überprüfung des gesamten Vermarktungsprozesses. Neben dem KäuferInnenverhalten wird auch die Wirksamkeit einzelner Marketinginstrumente, d. h. bestimmter Vermarktungsstrategien untersucht.

– *Abnahmetests* für Entwicklungsergebnisse sind häufig Bestandteil von Vereinbarungen, Verträgen oder Pflichtenheften, in denen der Verlauf und die zu erfüllenden Anforderungen oft strikt geregelt sind. Teil der Abnahme ist meist das Verfassen und Unterfertigen von Übernahme- und/oder Übergabeprotokollen, in denen die Testergebnisse und im Abweichungsfall Vorgaben, Maßnahmen und Regelungen für das weitere Vorgehen festgehalten werden.

7.2.2.3 Dokumentation und Berichtswesen

Die Entwicklung und Planung eines Dokumentations- und Berichtswesens dient der Selbstbeschreibung des Projektes, d. h. dem Lernen, dem Vergleich mit ähnlichen Vorhaben, der Legitimation von Entscheidungen, der Information und Koordination aller Beteiligten, Einbindung von PartnerInnen, Absicherung im Streitfall (Claimmanagement), der Erfahrungssicherung etc.

Ziel der Projektdokumentation ist die möglichst detaillierte Nachvollziehbarkeit des gesamten Ablaufes, während das Berichtswesen vor allem den jeweils aktuellen Stand des Vorhabens festhält und somit die Koordination und Kommunikation im Projektverlauf unterstützt. Die Projektdokumentation umfasst alle Projektpläne und Berichte, wobei speziell im Falle von Produktentwicklungen das Dokumentationswesen in eine Produkt- und Projektdokumentation gegliedert wird. In der Produktdokumentation werden alle Arbeitsergebnisse inkl. Varianten, Herstellungsverfahren, Technologieeinsatz, Handhabungshinweise, Fehlversuche, Testergebnisse etc. protokolliert. Sie enthält auch alle technischen Unterlagen, die zur Entwicklung, zur Produktion, zum Einsatz und zur Wartung notwendig sind. Die Projektdokumentation wird operativ meist in Form eines Projekthandbuches oder/und eines Projekttagebuches (Logbuch) umgesetzt.

Dazu kommt in der Regel bei größeren Projekten ein systematisiertes Ablagesystem für alle relevanten Unterlagen (Pläne, Verträge, Schriftverkehr, Kalkulationsunterlagen etc.). Die Projekt-/Produktdokumentation wird am Ende des Projektes fertig gestellt und in eine archivierbare Form gebracht.

Das Berichtswesen steuert den Informationsfluss während des gesamten Projektlebenszyklus zwischen allen internen und externen Beteiligten. Es stellt ein institutionalisiertes Feedback an die Projektverantwortlichen, den/die Auftraggeberin oder sonstige EntscheidungsträgerInnen dar, das u. a. auch in die Projektdokumentation einfließt. Das Projektberichtswesen umfasst Statusberichte (Soll-/Ist-Vergleiche), Fortschrittsberichte, Auslastungsberichte, Qualitätsberichte, aber auch Präsentationsunterlagen mit grafischen und tabellarischen Darstellungen. Ein etwaiger Berichtsplan gibt darüber Auskunft, wann welche Berichte von wem verfasst werden müssen.

7.2.3 Rekursivität

Rekursiv oder rückbezüglich werden jene Prozessfolgen genannt, deren Output den eigenen nächsten Input definieren. Dieser Vorgang wird auch als Rückkopplung bezeichnet.

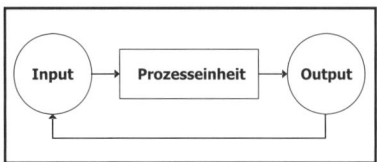

Abb. 46: Rückkopplungsmaschine

So genannte „Rückkopplungsmaschinen" (Abb. 46) dienen vor allem der schrittweisen Annäherung an bestimmte Zieldomänen (z. B. bei Optimierungsverfahren).

Wenn außerdem innerhalb der Prozesseinheit immer die gleichen Schrittfolgen durchlaufen werden, spricht man auch von einer Iteration. Die Ergebnisse des wiederholten Verfahrens (Iteration) werden als Input für die nächste Wiederholung benutzt (siehe Abb. 47).

Im Projektzusammenhang dienen rekursive Prozessfolgen vor allem der Problemlösung und der Bildung von Varianten. Schleifenbildung (Rückkopplung), Testszenarien und Pufferzeiten für Wiederholungsvorgänge sind wesentliche Merkmale rekursiver Organisation.

Insbesondere in kreativen Branchen werden rekursive Organisationsformen über den gesamten Projektverlauf hinweg angewandt. Gerade bei hochinnovativen Vorhaben ist eine lineare Darstellung der Vorgänge wenig zielführend. So hat etwa die Softwareindustrie ein Projektlebenszyklusbild entworfen, das einer zyklischen, rekursiven Prozessform entspricht (siehe Abb. 48). Dabei werden Phasen als Abfolge von wiederholten Entwicklungsschritten dargestellt.

7.2.3.1 Soll-/Ist-Vergleich

Der Soll-/Ist-Vergleich ist der zentrale Projektmanagementregelkreis und kommt im gesamten Projektlebenszyklus zum Einsatz. Entwurf und Planung decken sich bei Entwicklung und Produktion des Neuen aus strukturellen Gründen äußerst selten. Je komplexer und unsicherer das Vorhaben, desto eher werden aus linearen Abfolgen rekursive Prozessketten zur sukzessiven Annäherung an Zieldomänen. Diese „Trial-and-Error"-Prozesse erfordern eine spezifische Form der Beobachtung und Bewertung – den Plan-Ist-Vergleich.

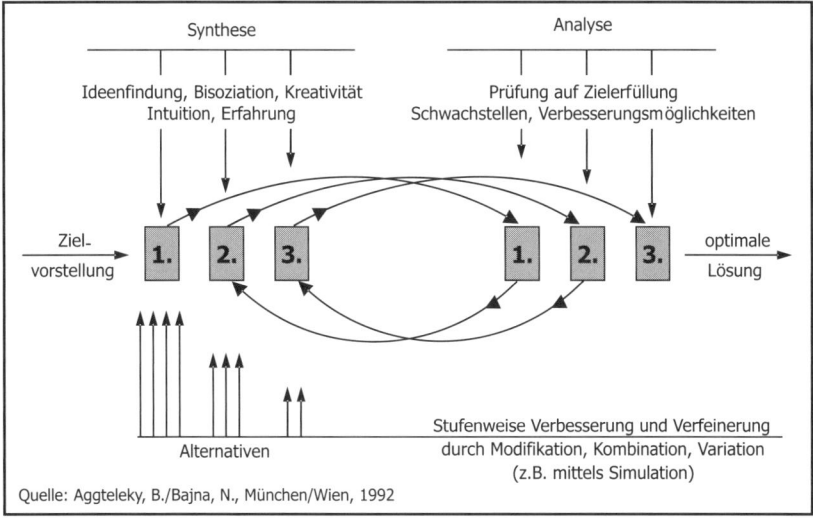

Abb. 47: Rückkopplung und Iteration als Hilfsmittel der Optimierung

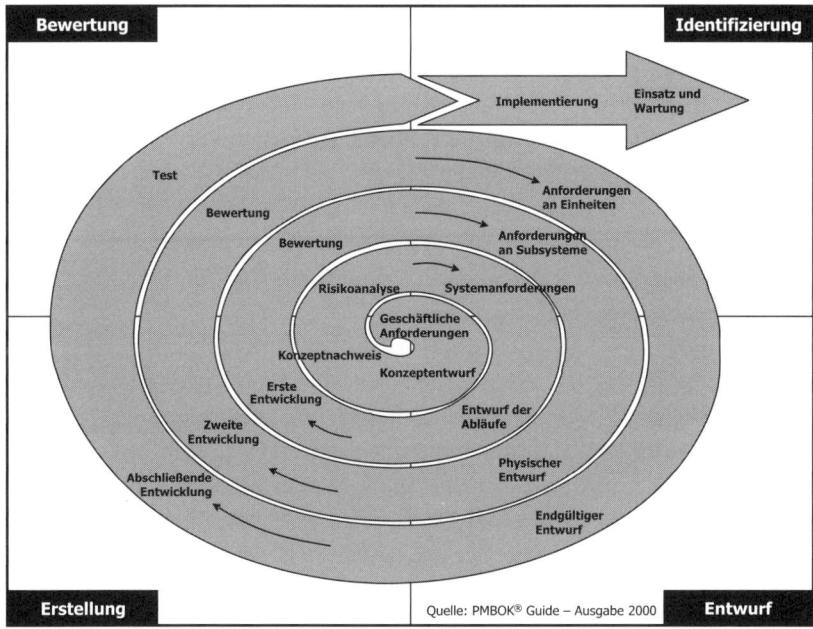

Abb. 48: Repräsentativer Lebenszyklus der Softwareentwicklung, nach Muench

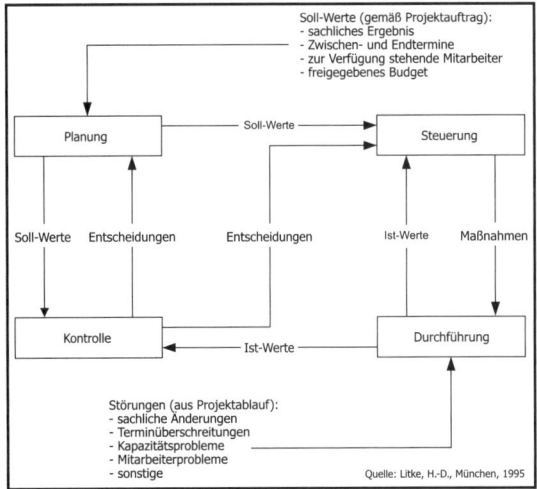

Abb. 49: Projektüberwachung und -steuerung als Regelkreis

Soll-/Ist-Vergleiche sind als „Rückkopplungsmaschinen" in Form von Regelkreisen konzipiert.

Man kann anhand der Abbildung 49 gut erkennen, dass es sich hier um ein Strukturelement des Projektmanagements handelt, dass bewusst (planvoll) oder unbewusst (situativ) alle Abläufe überwachen, steuern und gestalten hilft. Als Regel kann gelten: Je unsicherer Vorgänge sind, desto häufiger muss der Prozess beobachtet werden, um auf Abweichungen vom Plan möglichst rasch und umfassend reagieren zu können.

Gleichzeitig wird an dieser Stelle besonders deutlich, wie wichtig Zieldefinition und Planung im Projektmanagement sind, da aussagekräftige Soll-/Ist-Vergleiche ohne diese Referenzformen unmöglich sind. Soll-/Ist-Vergleiche unterstützen drei Regelungsstrategien:

– Korrektur (Heranführen des Ist- an den Sollzustand)
– Planänderungen (Anpassung der Ziele und Anforderungen an Ist-Gegebenheiten)
– Abbruch (Beendigung des Vorhabens aufgrund zu großer Abweichungen)

In der gängigen Projektmanagementliteratur werden Soll-/Ist-Vergleiche meist mit der Realisierungsphase eines Projektes in Verbindung gebracht. Deshalb soll noch einmal betont werden, dass Soll-/Ist-Vergleiche tatsächlich praktisch in jeder Phase und in jedem Arbeitspaket Anwendung finden, wenn überprüft werden soll, ob der Verlauf und die Ergebnisse den Vorstellungen entsprechen. Der elementare Charakter dieses rekursiven Prozessmodells ist für den gesamten Projektlebenszyklus und seine vielfältige Verwendbarkeit als „Organisationsbaustein" (vgl. 7.1.3.2 Prozessbausteine) entscheidend.

7.2.3.2 Prototyping

Ein weiteres rekursives Prozessmodell stellt das sog. Prototyping dar. Darunter versteht man einen nicht linearen, zyklischen Prozess der Entwicklung, Herstellung und Erprobung von Prototypen (vorläufige, experimentelle Formen). Prototyping ist als iteratives Experimentieren konzipiert, bei dem das Objekt/Produkt/System schrittweise und in Schleifen (vgl. Abb. 50 Ablaufschema Prototyping) optimiert wird. Häufig werden in diesen Prozess zukünftige NutzerInnen bereits eingebunden. Das heißt, ein Produkt wird nicht z. B. am „grünen" Tisch möglichst komplett durchgeplant und entwickelt, sondern Schritt für Schritt anhand der Herstellung und Erprobung einzelner Teile, Modelle, Simulationen, Dummies etc. in die endgültige Form gebracht.

Wenn zur Entwicklung und Produktion von Prototypen rechnergestützte Simulationstechniken und Bearbeitungsverfahren für die Modellherstellung eingesetzt werden können, spricht man von „Rapid Prototyping".

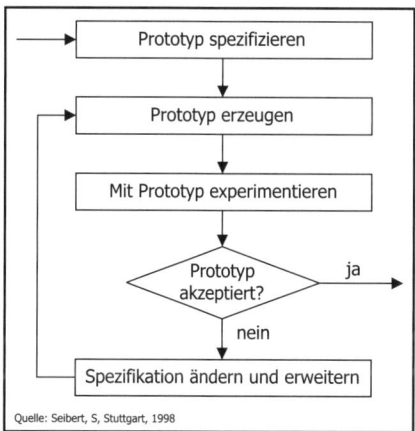

Abb. 50: Ablaufschema Prototyping

7.2.3.3 „Extreme"-Entwicklungsverfahren

Speziell im Rahmen der Entwicklung immer komplexerer Software hat sich in den letzten Jahren eine rekursive Verfahrensweise unter der Bezeichnung „Extreme-Programming" etabliert.

168

Unter ständiger Einbindung der relevanten Stakeholder (AuftraggeberInnen, BenutzerInnen etc.) erfolgt die Entwicklung schleifenförmig mit der Schrittfolge Planung, Design, Codierung und Test.

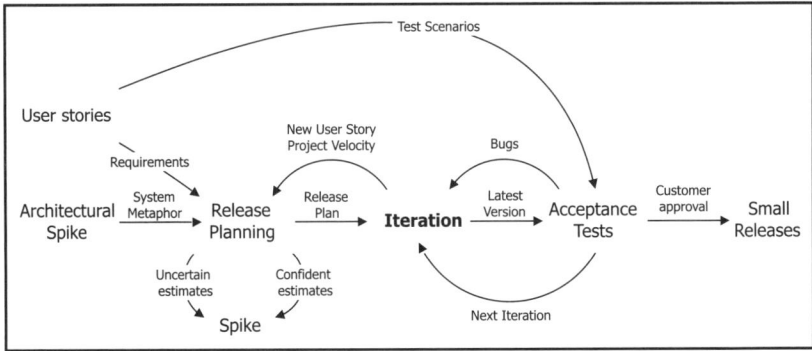

Abb. 51: Die Iteration im Extreme-Programming-Prozess

Diese Vorgehensweise ermöglicht eine hohe Flexibilität während des gesamten Projektes. Sich verändernde KundInnenwünsche oder neue Anforderungen des Umfeldes fließen direkt in ausgefeilte Testszenarios ein, die während der Entwicklung permanent durchlaufen werden. Gerade die ständige Anpassung der Testumgebung an veränderte Bedingungen und die damit verbundenen ständigen Soll-/Ist-Vergleiche innerhalb des gesamten Prozesses erleichtern die planvolle Verfolgung „beweglicher Ziele" in komplexen Umfeldern.

Von diesen Eigenschaften inspiriert sind in jüngster Zeit Versuche unternommen worden, ähnliche Prozessmodelle als allgemeine Problemlösungsverfahren in den Projektlebenszyklus zu integrieren, z. B. Extreme-Project-Development (xPD), oder das gesamte Projektmanagement z. B. Extreme-Projectmanagment (DeCarlo, 2004) sowie „agiles" Projektmanagement (Highsmith, 2004) daran auszurichten. Exemplarisch für die „Extreme"-Konzepte wird im Folgenden der xPD-Ansatz kurz erläutert.

Das *xPD-Prozessmodell* (Eigner/Nausner, 2003) wurde entwickelt, um einerseits Unsicherheiten und Problemstellungen im Entwicklungsprozess konstruktiv begegnen zu können, und andererseits, um bei unklaren Situationen während des gesamten Projektverlaufes effiziente Planungsstrukturen und Vorgehensweisen bereitstellen zu können. Es stellt somit u. a. eine Art allgemeine „Ad-hoc"-Problemlösungsmethode dar, die es ermöglicht, auf Überra-

schungen und Veränderungen gezielt reagieren zu können (Brunner, 2003).
Der xPD-Ablauf besteht aus nur vier Schritten:
- Exploration
- Analyse
- Entwurf
- Test

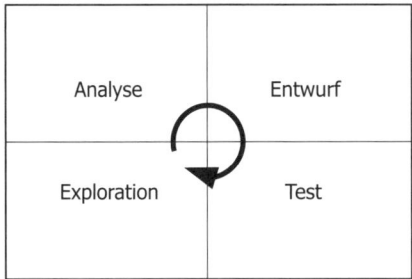

Analyse	Entwurf
Exploration	Test

Abb. 52: Der xPD-Prozess als Kreislauf

Diese vier Schritte werden iterativ so lange durchlaufen, bis ein Ergebnis vorliegt, das sowohl den Anforderungen als auch den Erwartungen entspricht.
Jeder Durchlauf erzeugt Erfahrungswerte, die zur Weiterentwicklung genutzt
werden – es entsteht dadurch eine Art spiralförmige Lernkurve.
Der erste Schritt, angestoßen durch ein Problem, eine Idee, eine Annahme oder
ein vorheriges Testergebnis, ist in der Regel die *Exploration* – vergleichbar mit
der Untersuchung der Situation und der Problemlage. Ziel ist es, eine fundierte Datenbasis für die folgenden Analyseschritte zu schaffen.
Im Rahmen der *Analyse* werden die Ergebnisse der Exploration gesichtet, geordnet, formalisiert, verglichen, bewertet etc. Die Analyse widmet sich zwei
Bereichen: Einerseits geht es um die inhaltliche Ebene (objektbezogene Analyse), andererseits aber auch um die Vorgehensweisen (projektbezogene Analyse). Kommt es dabei zu aussagekräftigen Ergebnissen, werden erste Lösungsansätze entwickelt.
Dazu dient vor allem der *Entwurfsschritt*. Wie in der Konzeptionsphase im
Projektlebenszyklus wird hier ein testfähiges Modell, Konzept, Exposé etc.
entwickelt. Die Entwürfe haben im xPD-Prozess prinzipiell vorläufigen Charakter, da sie hauptsächlich dazu verwendet werden, Lösungsansätze zu testen –
d. h. festzustellen, ob sie den Erfordernissen und Anforderungen gerecht werden können.

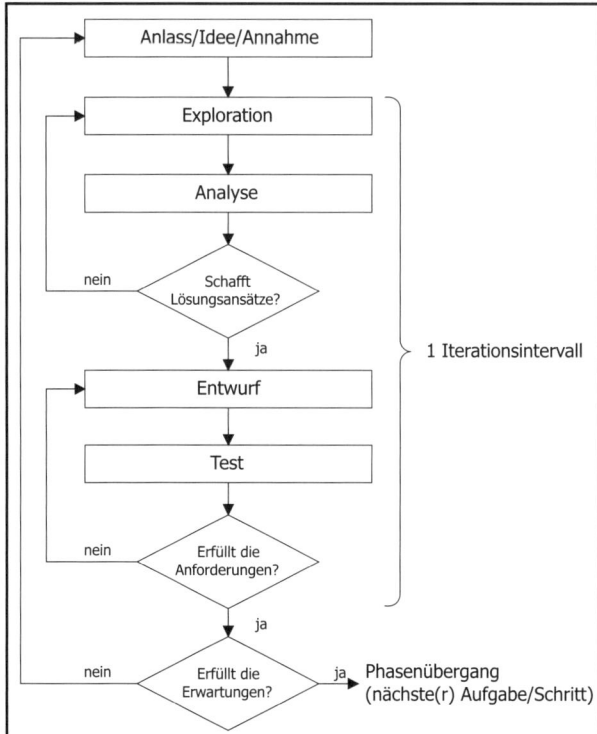

Abb. 53: Der xPD-Prozess

Im vierten xPD-Schritt, dem *Test*, werden die Lösungsvorschläge auf ihre Tauglichkeit hin überprüft. Dabei kommt es besonders auf die Einrichtung geeigneter Testszenarien an, die einerseits die Zieldomäne möglichst gut abbilden und andererseits Ergebnisse liefern, die sich entsprechend bewerten lassen (vgl. 7.2.2 Experiment).

Ganz allgemein betrachtet kann man die xPD-Schrittfolge als einen institutionalisierbaren Lernprozess und als selbstähnliches rekursives Element (Fraktal) im Projektlebenszyklus definieren (vgl. 7.1.3 Fraktalisierung). Die situations- und kontextunabhängige Formalisierung macht das xPD-Modell zu einem universell einsetzbaren Problemlösungsansatz im gesamten Projektverlauf.

Genau genommen ist es innerhalb von Entwicklungsprozessen strukturell unmöglich, alle Eventualitäten zu berücksichtigen. Unsicherheit und die Notwendigkeit zu Ad-hoc-Problemlösungen verteilen sich über den gesamten Projektlebenszyklus.

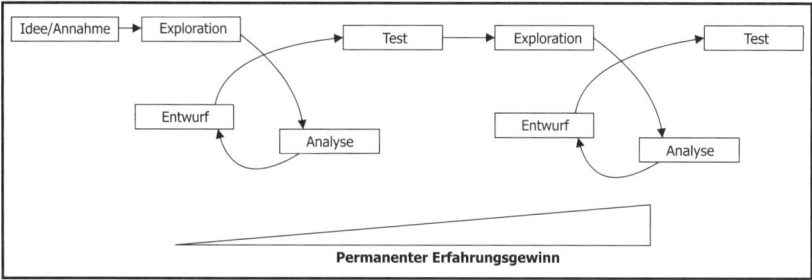

Abb. 54: Erfahrungsgewinn im xPD-Prozess

Notwendige Entwicklungstätigkeiten treten also auch während der Umsetzungsprozesse immer wieder auf, entweder weil die Aufgabe es erfordert oder weil die Dinge anders laufen als erwartet. Der xPD-Prozess schafft die Möglichkeit, auf diese Anforderungen planvoll zu reagieren. Alle vier Schritte lassen sich ad hoc im Hinblick auf Ressourcen, Kosten und Zeit einschätzen, planen und organisieren. Der Prozess wird im Problemfall so lange rekursiv durchlaufen, bis das weitere Vorgehen abgeklärt und somit die Unsicherheit behoben ist. Grundsätzlich gilt: Je größer die Unsicherheit und Komplexität im Projektverlauf, desto notwendiger der Einsatz von „Extreme"-Methoden und die erhöhte Anzahl von Iterationen.

Zusammenfassend lässt sich konstatieren, dass die „Extreme"-Ansätze auf die Bewältigung unsicherer und komplexer Situationen im Projekt abzielen und dabei die dafür notwendigen Aufgaben sowie Aufwände planbar und transparent machen. Sie dienen vor allem dazu, vorhandene oder entstehende Entwicklungsrisiken zu verringern.

7.3 Formen der Führung – Instrumente und Methoden

Die Frage der Führung oder des Managements von Projekten unterscheidet sich substantiell von der Frage der Führung von Unternehmen und sonstiger auf Kontinuität ausgerichteter Organisationen.

Der Unterschied soll kurz anhand folgender theoretischer Überlegungen skizziert werden:

Im Zentrum des handlungstheoretischen Paradigmas steht das sog. Ziel-Mittel-Schema. Es dient der Analyse und Erklärung des Verhaltens von AkteurInnen, die durch eine rationale Auswahl gegebener Mittel ein erwünschtes Ziel erreichen wollen. Logischer Kern dieser Sichtweise ist der Vorrang von Zielen vor den Mitteln. Kernproblem ist somit die Suche und Festlegung von Zielen sowie die Konfliktregelung bei der Durchsetzung und Verfolgung derselben. Die wichtigste Problemlösung stellt dafür Hierarchiebildung bereit, bei der durch die Einrichtung eines zentralen Organs (oder eines sonst wie hervorgehobenen Akteurs/einer Akteurin) eine Ordnung entsteht, in der ein sog. höherer Rang festlegen kann, was verbindlich für alle ihm Unterstellten ist (Waldkirch, 2002). Organisationen werden mit diesem Fokus als sog. Zweck-Hierarchie-Systeme modelliert. Deren Binnenstruktur ist durch den Ausschluss eigener Handlungsoptionen (Spielräume) der Organisationsmitglieder bestimmt. Das führt z. B. dazu, dass Disposition und Improvisation – beides elementare Merkmale der Projektarbeit – als ungeeignet für die Formalisierung von Verhaltenserwartungen (Organisationsbildung) bezeichnet werden (Hill/Fehlbaum/Ulrich, 1994). Ebenso problematisch erweist sich das Zweck-Hierarchie-System auf der Projektebene bei der Verteilung (Delegation) von (Entscheidungs-)Kompetenzen. Hierarchien verteilen Kompetenzen strukturell zentralistisch, während in Projekten durch Dezentralisation möglichst viele Kompetenzen systematisch auf die einzelnen AkteurInnen verlagert werden müssen. Im Gegensatz zum gängigen Hierarchiemodell der Organisation mit seinen differenzierten Formen und Instrumenten der vertikalen Integration, setzt die Projektorganisation, wie im Folgenden noch gezeigt wird, prinzipiell auf Formen horizontaler Integration (Schreyögg, 1998).

Die aus dem Zweck-Hierarchie-Modell abgeleitete Denkfigur charakterisiert Organisationen als soziale Systeme, die durch eine bestimmte Vertragsform bestimmt sind: den „offenen Vertrag mit einseitigem Weisungsrecht". Für Projekte ist dieser Ansatz strukturell unfruchtbar, weil die Form der Leistungserstellung diesem Vertragstyp entgegensteht. „Offene Verträge mit einseitigem Weisungsrecht" eignen sich insbesondere für sog. Zeitschuldverhältnisse, d. h. der/die AuftragnehmerIn schuldet seinem/ihrem AuftraggeberIn Arbeitszeit. Innerhalb dieser können dann der/die AuftraggeberIn (DienstgeberIn) und seine RepräsentantInnen (Vorgesetzte) abgestuft und einseitig Weisungen zur Nutzung dieser Zeit geben.

Wie bereits an anderer Stelle formuliert werden in Projekten Aufgaben definiert, die von den AkteurInnen selbständig zu erfüllen sind. Es handelt sich dabei vertraglich um sog. Zielschuldverhältnisse, d. h. der/die AuftragnehmerIn schuldet dem/der AuftraggeberIn ein fertiges „Werk". Zielschuldverhältnisse orientieren sich am Ergebnis und nicht am Prozess der Leistungserstellung. Dies hat mehrere Vorteile, von denen hier nur die wichtigsten angeführt werden sollen: Zielschuldverhältnisse in Form von sog. Werkverträgen übertragen das Risiko der Fertigstellung in der Regel auf den/die AuftragnehmerIn, der/die im Gegenzug die (Weisungs-)Freiheit der Gestaltung der Leistungserbringung

erhält, womit für ihn/sie potentiell Handlungsspielraum entsteht. Er/Sie kann
z. B. gleichzeitig auch für andere AuftragnehmerInnen arbeiten oder SubunternehmerInnen beschäftigen. Komplexe Vorhaben werden dadurch besser koor-
dinierbar, da die Leistungskontrolle sich auf den Leistungsfortschritt und die
Zielerreichung beschränken kann. Die Führung wird zugleich davon entlastet,
alle Detailprozesse durchschauen und designen zu müssen.
Außerdem werden auf diese Weise sämtliche Probleme der eigentlichen Leistungserbringung in Richtung AuftragnehmerIn externalisiert. Das gilt konzep-
tionell paradoxerweise auch dann, wenn ein Projekt innerhalb einer hierarchisch strukturierten Organisation stattfindet und alle ProjektteilnehmerInnen
durch Zeitschuldverhältnisse ans Unternehmen gebunden sind. Im Projektmo-
dus müssen diese dann quasi trotzdem werkleistungsorientiert arbeiten, was
organisationsintern zur Teilung in zwei Organisationskulturen führt und die
klassischen Konflikte zwischen Linien- und Projektorganisation provoziert.
Die Frage an das Management lautet nun: Wie wird die Einheit des Projekts
als Organisation hergestellt, und wie können Vorhaben darin koordiniert werden, wenn die AkteurInnen „Werkleistungen" erbringen und keinem direkten
Weisungsrecht unterliegen? Aus handlungstheoretischer Sicht lässt sich die
Antwort darauf folgendermaßen strukturieren:
Anstatt das „offenen Vertrages mit einseitigem Weisungsrecht" werden Projekte als „Vertragsnetz mit zentraler Vertragspartei" konzipiert. Sie sind dann
als Resultat interdependenter Handlungen eigeninteressierter Individuen zu
verstehen (Waldkirch, 2002). Kooperatives Verhalten baut dabei ökonomisch
auf Vorteils-/Nachteilskalkulationen der AkteurInnen auf, wobei der Anreiz
darin besteht, möglichst hohe Kooperationsgewinne zu erzielen.
Ein weiterer Vorteil besteht in der Möglichkeit, Einzel- und kollektive AkteurInnen unter einem Statut zu einen und auf ein definiertes Ziel auszurichten.
Die zentrale Vertragspartei übernimmt dabei als sog. Schaltorgan die Füh-
rungsrolle und sichert die Einhaltung der Vereinbarungen durch Koordination
und Erfolgskontrolle. Diese Konzeption des Projektes als „Vertragsnetz mit
zentraler Vertragspartei" setzt damit auf selbstorganisations- und selbststeue-
rungsfähige AkteurInnen (vgl. Kapitel 5 „Projekte als temporäre Unternehmen").
Mit dieser zentralen handlungstheoretischen Unterscheidung zwischen Projekt
und klassischer Organisationsauffassung lassen sich nun folgende spezifische
Grundformen des Managements begründen:

- Koordination (Verhaltensabstimmung)
- Partizipation (Einbindung in Entscheidungsprozesse)

– Institutionalisierung (Entwicklung projektspezifischer Regelsysteme, Organe und Einrichtungen)

7.3.1 Koordination

Koordination bezieht sich im gegenständlichen Fall auf die Abstimmung von Aktivitäten und AkteurInnen im Hinblick auf das Organisationsziel. Da Projektarbeit problemlösungsorientiert, komplex und unsicher ist, kann – wie bereits argumentiert wurde – Koordination durch persönliche Weisung (Hierarchiemodell) nicht zur Anwendung kommen. Deshalb finden in den allermeisten Fällen (auch bei Projekten innerhalb hierarchischer Unternehmensumgebungen) folgende Koordinationsformen Anwendung (Bea/Göbel, 1999):

1. Fremdkoordination durch Programme und Pläne (die Abstimmung erfolgt nicht durch die beauftragten AkteurInnen selbst sondern mittels Vorgaben). Programme sind dabei eine Form der Standardisierung durch Gestaltung und Regelung von Prozessen, während Pläne eine Outputstandardisierung durch Ergebnisvorgaben darstellen.
2. Selbstkoordination durch Selbstabstimmung, Unternehmenskultur und Profession (die Abstimmung erfolgt durch die AkteurInnen selbst ohne Vorgaben).

Selbstabstimmung ist das Gegenstück zur Koordination durch persönliche Weisung. Organisationseinheiten der Selbstabstimmung sind Gruppen, in denen die Entscheidungsfindung durch *gegenseitige Abstimmung* aller AkteurInnen erfolgt. Das heißt nicht, dass die Koordination im freien Ermessen der Beteiligten erfolgt, sondern es werden vielfach (für diesen Zweck) spezielle Gremien oder Kollegien eingerichtet.

Selbstkoordination durch Unternehmenskulturen (Ouchi, 1980) bedeutet die Abstimmung von AkteurInnen durch eine Art „Clanmechanismus", bei dem durch Sozialisierung ein starkes Zusammengehörigkeitsgefühl mit ähnlichen Denk- und Verhaltensmustern entsteht. Damit einhergehen auch Formen der Selbstverpflichtung durch hohe Identifikation mit der Gruppe (vgl. 6.5.3 Co-Locations und Communities). Es erfolgt quasi eine Standardisierung von Denk- und Verhaltensweisen (z. B. Verhaltenskodex, Habitus) in Projektzusammenhängen. Die Koordination durch Professionalisierung stellt eine Standardisierung von Qualifikationen und Kenntnissen dar. Von Professionalität spricht man, wenn AkteurInnen nicht nur über ein spezielles Standardrepertoire an Fachwissen, Fähig- und Fertigkeiten verfügen und die notwendigen Routinen beherrschen, sondern wenn diese in der Lage sind, ohne Weisung

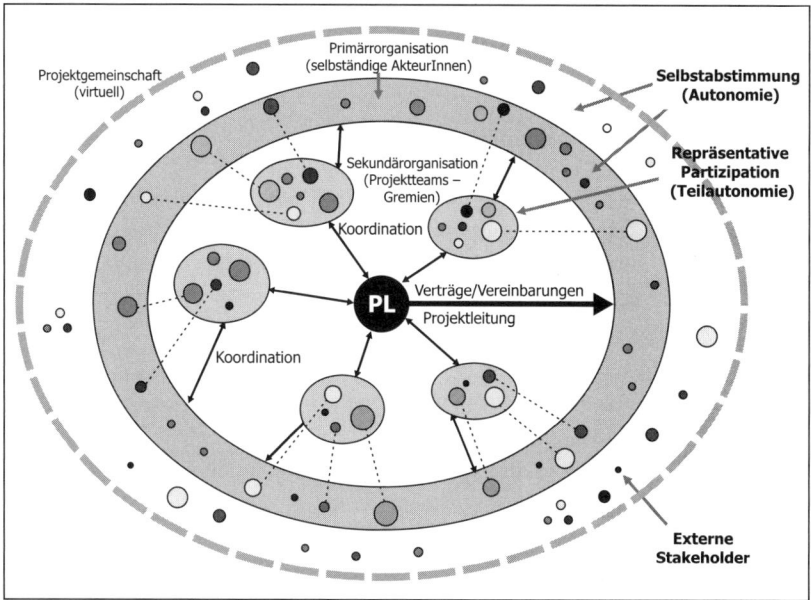

Abb. 55: Koordination im Projektkontext

und Anleitung reibungslos komplexe Aufgaben im Zusammenspiel mit anderen zu erledigen.

Im Projektkontext erfolgt diese Professionalisierung nicht intern (wie z. B. in Unternehmen), sondern innerhalb von Produktionsnetzwerken und von Projekt zu Projekt (vgl. 6.3 Lernen in unterschiedlichen Projektökologien).

Im Projektkontext sind prinzipiell alle handelnden AkteurInnen (egal ob Einzelpersonen oder kollektive AkteurInnen) durch mehr oder weniger formelle ergebnisorientierte Vereinbarungen und Verträge auf Basis von Plänen eingebunden. Sie agieren innerhalb dieser festgelegten Aufgabenstellungen selbständig und selbstabstimmend und treffen im Rahmen der Durchführung ihnen übertragener Arbeiten großteils autonome Entscheidungen.

Auf Ebene der Projektbeteiligten erfolgt die Koordination hauptsächlich durch Selbstabstimmung z. B. in Teams oder Ausschüssen. Diese Gruppen steuern nicht einzelne Tätigkeiten, sondern dienen im Wesentlichen der gemeinsamen Lenkung durch wechselseitige Abstimmung und Information sowie der Konfliktregelung. Außerdem werden Vorschläge und Analysen erarbeitet. Daneben erfolgt auch die Koordination durch Selbstverpflichtung im Rahmen von Projektkulturen sowie durch Professionalität.

Auf Ebene der Projektleitung bedeutet dies vor allem *Koordination durch Standardisierung* – d. h. durch Programme, Pläne, Verfahrensrichtlinien, Handbücher, Pflichten- und Leistungshefte, festgelegt in Verträgen und Vereinbarungen etc. Die Überwachung erfolgt im Wesentlichen durch Soll-/Ist-Vergleiche (Abweichungskontrolle) und mittels Ergebnissicherung durch ExpertInnen oder Tests (z. B. im Rahmen von Produktabnahmen).

Außerdem wird die Koordination durch Selbstabstimmung durch das Design von Kollegien/Gremien und das Festlegen von Qualifikationsstandards für die Einbindung der ProfessionistInnen unterstützt.

Die Koordination und Integration von ProjektakteurInnen innerhalb von Linienorganisationen stellt ein spezielles Problem dar, das in der Regel durch die Bildung von sog. Sekundärorganisationstypen wie Stab-Linien- oder Matrix-Organisationen gelöst wird. Da es sich nicht um ein Problem von Projekten als Primärorganisation handelt, wird im gegenständlichen Falle auf eine weitere Erläuterung dieser Integrationsform verzichtet.

7.3.1.1 Gremien

Gremien oder Kollegien sind Gruppen (auch „Organe" genannt), in denen Fachkräfte vor allem jene Aufgaben selbst koordinieren, bei denen Kompetenzabgrenzung und Kommunikation weniger gut formalisierbar sind (z. B. Entwicklungsaufgaben). Gremien stellen somit eine Alternative zum hierarchischen Strukturtyp dar (Hill/Fehlbaum/Ulrich, 1994) und sind zentrale Elemente des Organisationsaufbaus in Projekten. Im Projektkontext dienen Gremien in erster Linie der Entscheidungsfindung und Koordination.

Gremien werden auch als Kollegial- oder Pluralinstanz beschrieben, wobei zwischen Gesamtkollegialität, Ressortkollegialität oder Mischformen differenziert wird (Vahs, 2005). Vahs unterscheidet zusätzlich zwischen Leitungsgruppe, Arbeitsgruppe, Ausschuss, Problemlösungsgruppe und Projektgruppe, die nach Umfang der Mitarbeit, Art der Gruppenaufgaben und zeitlichen Aspekten gegliedert sind. Kosiol (1980) schlägt eine Differenzierung in Beratungs-, Entscheidungs- und Ausführungsausschüsse vor.

Beratungsausschüsse dienen demzufolge der wechselseitigen Information und Meinungsbildung. Sie erarbeiten Empfehlungen und Entscheidungsvorlagen. Entscheidungsausschüsse bewerten Lösungsalternativen und treffen verbindliche Entscheidungen. Ausführungsausschüsse begleiten und überwachen die Umsetzung der Vorhaben.

Gremien werden zwar häufig mit *Teams* gleichgesetzt, es besteht jedoch ein wesentlicher Unterschied. Beide beinhalten zwar Gruppentätigkeiten, Teams

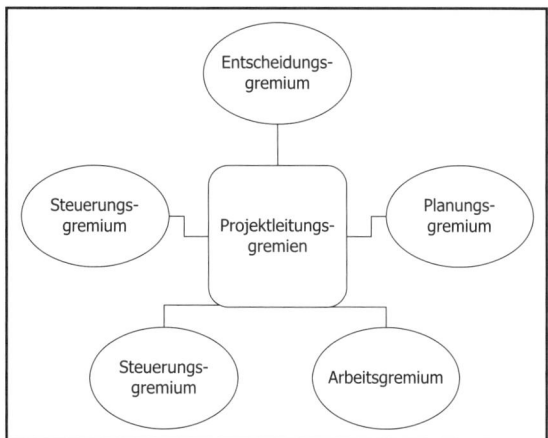

Abb. 56: Organisationsaufbau durch Gremien

dienen jedoch einer konkreten inhaltlichen Aufgabenerfüllung, während Gremien die Abstimmung von Tätigkeiten und die Entscheidungsfindung zum Ziel haben (Bea/Göbel, 1999).

Wenn in der gängigen Projektmanagementliteratur von Projektteam die Rede ist, sind meistens eigentlich Gremien gemeint (vgl. Gareis, 2004).

Während also Gremien eine effiziente Abstimmungsform eigenständiger AkteurInnen darstellen, wird das Team als effiziente Arbeitsform eingesetzt. Kernstück der Tätigkeit in Gremien ist neben der wechselseitigen Information die gemeinsame Willensbildung und Beschlussfassung. Als organisatorische Regelungen werden dazu das sog. Direktionalprinzip und das Kollegialprinzip vorgeschlagen (Bleicher, 1991).

Beim *Direktionalprinzip* kann vom Vorsitzenden/der Vorsitzenden (AuftraggeberIn, ProjektleiterIn etc.) das alleinige Entscheidungsrecht wahrgenommen werden. Es besteht allerdings die Verpflichtung, vor der Entscheidung die Argumente aller Beteiligten zur Kenntnis zu nehmen (Protokoll) und auf deren Anträge einzugehen.

Das *Kollegialprinzip* sieht alle Mitglieder in gemeinsamer Verantwortung, d. h. grundsätzlich gleichberechtigt, vor, wobei durchaus unterschiedliche Regelungen bezüglich der Stimmrechte Anwendung finden. So hat etwa im Rahmen der sog. Primatkollegialität die Stimme des/der Vorsitzenden bei Stimmengleichheit ein höheres Gewicht. Im Fall einer „Abstimmungskollegialität" werden Beschlüsse mit einfacher oder qualifizierter Mehrheit gefasst, während die „Kassationskollegialität" Einstimmigkeit verlangt.

Grundsätzlich gilt in Projektkontexten: Je komplexer die Problemstellung, desto intensiver die gemeinsame Willensbildung und kollegialer die Beschlussfassung. Die Koordination durch Gremien baut auf dem Kompetenzprinzip auf, d. h. alle beteiligten AkteurInnen verfügen über so viel Expertise und Professionalität, dass sie eigenständig urteilen, begründen und Entscheidungen treffen können.

7.3.1.2 Empowerment

Die für eine Koordination durch Gremien notwendige Übertragung von Kompetenz, Befugnissen und Wissen wird in den letzten Jahren unter der Bezeichnung Empowerment beschrieben (Schreyögg, 1998; Bea/Göbel, 1999). Dahinter verbirgt sich eine Gestaltungsempfehlung, die ursprünglich aus dem Human-Relations-Theorieansatz stammt. Beim Empowerment geht es nicht nur um die Förderung von Autonomie und Selbstverantwortung, sondern um die Befähigung zur Eigeninitiative. MitarbeiterInnen sollen selbstbestimmt agieren und nach eigenem Ermessen die Schnittstellen zu anderen Aufgabenbereichen gestalten. Es wundert daher nicht, dass Empowerment häufig im Rahmen von organisationsinternen Projekten betrieben wird.

Führung bedeutet im Konzept des Empowerments immer auch Selbstführung. Jeder Akteur/jede Akteurin übernimmt z. B. Steuerungsaufgaben, die sonst in den Händen von Vorgesetzten liegen. D. h. Führung und Ausführung fallen im Empowerment zusammen – in einer Person oder in einer Gruppe gleichgestellter AkteurInnen. Empowerment mutet den Betroffenen dadurch mehr Verantwortung zu, was wiederum die Notwendigkeit zur Professionalisierung erhöht.

Empowerment wird als alternative Form der Unternehmensteuerung gesehen, die besonders Motivation und Kreativität freisetzt und damit wichtige Voraussetzungen für die Projektarbeit schafft.

7.3.2 Partizipation

Partizipation bedeutet im Projektzusammenhang die Beteiligung und Einbindung von sog. Stakeholdern (AuftraggeberInnen, KundInnen, MitarbeiterInnen, PartnerInnen, Behörden, BürgerInnenbewegungen etc.) an Entscheidungs- und Willensbildungsprozessen. Aus dem Blickwinkel der Gestaltungsform Partizipation werden Organisationen in einem handlungstheoretischen Sinn als sog. fiktive Zurechnungsobjekte (Waldkirch, 2002) gesehen. Die Einheit der Organisation wird dabei nicht nur aus einer vorgegebenen internen Organisationsverfassung abgeleitet, sondern vor allem in Hinblick auf die Erwartungen und Vorstellungen aller Beteiligten und betroffenen InteraktionspartnerInnen (vgl. 7.2.1.2 Konzeptentwicklung) gesehen.

Durch die Einbindung der Stakeholder entsteht eine erweiterte Ausdifferenzierung der Arbeits- und Verantwortungsteilung, die wiederum eine präzisere Zurechnung von Verantwortung für bestimmte Interaktionsfolgen ermöglicht.

Voraussetzung für diese Verantwortungsübertragung ist die „relative Unabhängigkeit" der Organisation von ihren Mitgliedern. Beide, sowohl Organisation als auch Mitglieder oder PartnerInnen, müssen strukturell eigenständig agieren können, wenn Verantwortung für Interaktionsfolgen übertragbar sein soll. Auch deshalb werden innerhalb von Projektorganisationen alle Beteiligten als „Selbständige" konzipiert.

Diese Konzeption zeitigt drei wesentliche Vorteile:

1. Es kommt zu einer erweiterten Einbindung von Expertisen und Spezialisierungen (durch die Stakeholder). Außerdem entstehen breitere Möglichkeiten des Ressourcenzugriffs.
2. Das Feld für die Produktion und Verteilung von Reputation (als sozialer Vermögenswert) wird größer. Die jeweilige Reputation der vielfältigen AkteurInnen „färbt" auf das gesamte Projekt ab und umgekehrt. Außerdem bietet diese wechselwirkende Reputation Schutz vor „verbotener" Ausbeutung, da niemand gerne seine eigene Reputation aufs Spiel setzt.
3. Verantwortung kann auf eine große Zahl betroffener AkteurInnen verteilt werden, die sich dadurch mit dem Vorhaben identifizieren und so den „Support"-Hintergrund deutlich erweitern.

Partizipation unterstützt organisationsintern die gemeinsame Ausübung von Kompetenzen in Form von Teamarbeit und in Gremien – auch innerhalb sonst hierarchischer Strukturen (Hill/Fehlbaum/Ulrich, 1994). In Gremien und Projektteams werden deshalb Entscheidungen in der Regel nach dem Kompetenzprinzip getroffen (Schreyögg, 1998).

Das Modell der Partizipation ermöglicht die gemeinsame Ausübung von Kompetenzen durch mehrere AkteurInnen auf verschiedenen Ebenen oder aus verschiedenen Kontexten. Ein besonderer Aspekt der Partizipation liegt in der Fähigkeit, aus Aufgabenzielen Gruppenziele zu machen – eine Schlüsselaufgabe der Führung. Die Identifikation mit den zu Gruppenzielen gewordenen Aufgabenzielen ist die Voraussetzung für möglichst friktionsfreie Zusammenarbeit. Die im Projektkontext relevanten Partizipationskonzepte/Instrumente sind der partizipative Führungsstil sowie Gruppenarbeit.

7.3.2.1 Partizipativer Führungsstil

Laut Hill/Fehlbaum/Ulrich (1994) kann man erst bei einem partizipativen Verhalten leitender AkteurInnen im engeren Sinn von Führung (Leadership) sprechen. Das bedeutet, dass die positionsbestimmte Autorität zugunsten einer aufgaben- und personenbezogenen aufgegeben wird.

Statt der Befolgung von Weisungen (Vorgaben der Vorgesetzten), wird auf kritisches Mitdenken (Commitment) und Engagement gesetzt. Partizipativer Führung muss eine Balance zwischen personaler Autonomie und Gruppenintegration gelingen. Während bei autoritärer Leitung das Durchsetzen von Entscheidungen im Mittelpunkt steht, geht es bei partizipativer Führung um die mitverantwortliche Integration der AkteurInnen in Gruppen. Dazu dienen etwa Entscheidungsdiskussion sowie Meinungsbildung in der Gruppe und Willensbildung durch die Gruppe.

Im Rahmen von *Entscheidungsdiskussionen* werden Entscheidungsvorschläge diskutiert – Anregungen, Bedenken und Einwände dienen u. a. dazu, etwaige Alternativen zu entwickeln. Falls gute Gründe vorliegen, wird der Entscheidungsvorschlag verändert.

Bei der *Meinungsbildung in der Gruppe* werden keine Vorschläge, sondern Probleme diskutiert und versucht, dazu Lösungsvorschläge zu generieren, Ziele zu klären etc. Die beteiligten AkteurInnen werden von Beginn an in den Problemlösungsprozess eingebunden. Dieser sollte von der fachlichen Autorität der Mitglieder geprägt sein. Die Kompetenz bestimmt das Gewicht der einzelnen Stimmen. Im Rahmen der *Willensbildung durch die Gruppe* findet neben einem kollektiven Problemlösungsprozess auch ein argumentationsgeleiteter Willensbildungsprozess statt, an dessen Ende ein Kollegialentscheid steht. Methoden zur Entscheidungsfindung sind z. B. unter den Techniken für Variantenbewertung zu finden (von der Punktevergabe bis zur Nutzwertanalyse – vgl. Seibert, 1998 und 7.2.1.2 Konzeptentwicklung).

7.3.2.2 Gruppenarbeit

Die Idee der (teil-)autonomen Arbeitsgruppe besteht darin, die arbeitsteilige Kooperation und Koordination innerhalb definierter Rahmenbedingungen und Zielvorgaben der internen Selbstbestimmung von Gruppen ohne definierte Leitung zu überlassen.

Die Leitungskompetenzen gehen an die Gruppe über und es entstehen somit Gruppenverantwortung und wechselseitige „Sozialkontrolle".

Es kommt zu einer situations- und kompetenzabhängigen informellen Führung durch dasjenige Mitglied, dem der größte Beitrag zur Zielerreichung zugetraut wird. Derartige Gruppen werden praktisch „indirekt" durch Rahmenbedingungen und Vorgaben geführt. Hauptaufgabe der Projektleitung ist die Gestaltung der Rahmenbedingungen, Schaffung der Voraussetzungen, Kommunikation der Vorgaben, Ereignissicherung und vor allem die dispositive sowie fachliche Unterstützung der Gruppe bei ihrer Tätigkeit. Entscheidend für die Effizienz von derartiger Gruppenarbeit ist die integrierte Aufgabenerfüllung. Dieser, auch im Konzept der sog. Lean-Production verwendete Ansatz zur Sicherung hoher Produktivität und Leistungsqualität, ist auf die systematische Integration von Planungs-, Ausführungs- und Kontrollfunktionen in die Gruppe fokussiert.

Damit werden die zentralen Tätigkeiten des übergeordneten Managements quasi als fraktale (selbstähnliche) Gestaltungselemente für die Organisation autonomer Arbeitsgruppen als Kollegialorgane verwendbar.

So werden Management- und Führungsfunktionen in einem hohen Ausmaß delegierbar und der Gestaltung hochkomplexer Aufgabenstellungen zugänglich gemacht.

Im Projektkontext sind Arbeitsgruppen als kollektive Auftragnehmer konzipiert, die über Programme und Pläne koordiniert werden. Der Autonomiegrad dieser kollektiven AkteurInnen ist im Wesentlichen nur durch die Leistungskopplung mit anderen AkteurInnen im Projektverlauf eingeschränkt. Arbeitsgruppen als Organisationseinheit im beschriebenen Sinne repräsentieren den höchsten Grad an Partizipation innerhalb von Führungsstrukturen.

Zahlreiche empirische Untersuchungen (Hill/Fehlbaum/Ulrich, 1994) zeigen eine positive Korrelation zwischen Partizipation und Leistung – allerdings abhängig von den aufgabenspezifischen Constraints (Bedingungen).

Partizipation in Arbeitsgruppen zeigt drei für die Projektarbeit elementare Vorteile:

1. Verbesserung der Kenntnisse und Fähigkeiten der Gruppenmitglieder (fortlaufende Professionalisierung)
2. Konstante und selbstmotivierte Leistungsabgaben
3. Erhöhte Selbstkontrolle (verbesserte Möglichkeiten der Delegation)

Die Gestaltung und Unterstützung von Arbeitsgruppen (Gremien oder Teams) im beschriebenen Sinne sind somit zentrale Aufgabe der Führung von Projekten (vgl. Anspruchsgruppenanalyse in 7.2.1.2 Konzeptentwicklung).

7.3.3 Institutionalisierung

Institutionalisierung beschäftigt sich wesentlich mit der gegenseitigen Abstimmung von Handlungen, d. h. mit der normativen Gestaltung von Handlungsspielräumen. Institutionen strukturieren daher Interaktionen in Form von Regelsystemen (Homann/Suchanek, 2000). Neben der Informationsfunktion spielt vor allem die Anreizfunktion von Institutionen eine entscheidende Rolle für das Gedeihen von Kooperationsverbünden (wie z. B. Projekte). Sie dienen u. a. auch der Beherrschbarkeit potentiell unsicherer Situationen durch die „Berechenbarkeit" des Verhaltens von AkteurInnen.

„Institutionen dienen somit dazu, Handlungen der Akteure so zu koordinieren, dass die gemeinsamen Interessen verwirklicht werden können und die Kosten, die für die einzelnen Akteure aus Informations- und Anreizproblemen resultieren und nicht selten produktive Interaktionen verhindern können, so gering wie möglich gehalten werden, wobei der relevante Bezugspunkt letztlich immer die gemeinsamen Interessen aller Betroffenen sind." (Homann/Suchaneck, 2000:118)

Allgemein formuliert besteht die Informationsfunktion von Institutionen darin, jene Kosten zu verringern, die mit der Beschaffung handlungs- und entscheidungsrelevanter Informationen verbunden sind (z. B. Kenntnisse über geeignete Einkaufsmöglichkeiten oder Tarife, über technische Daten oder verlässliche KooperationspartnerInnen etc.)

Der Erfolg von Institutionen (Regelsystemen) hängt wesentlich davon ab, ob und wie es gelingt, die relevanten AdressatInnen darüber zu informieren, was erlaubt, erwünscht und verboten ist. Wichtig ist, dass diese Informationen glaubwürdig vermittelt werden, die Einhaltung der Regeln und Vorschriften beobachtet und gegebenenfalls sanktioniert wird. Wobei es sich nicht immer um Fremdkontrolle handeln muss – vielfach ist es sogar effizienter, wenn es gelingt, AkteurInnen zur Selbstkontrolle zu bewegen (vgl. Selbstabstimmung als Form der Koordination in 7.3.1 Koordination).

Institutionen im weitesten Sinne stellen z. B. Leitbilder, Leitsätze, Unternehmensverfassungen, Verträge, Konventionen, Rechtssysteme etc. dar. Institutionen als Regelsysteme definieren Rechte und Pflichten. Allerdings sind diese Regeln prinzipiell unvollständig.

Soziale Regelsysteme können grundsätzlich nicht vollständig sein (es wäre auch nicht wünschenswert). Gemeint ist damit, dass Institutionen (wie z. B. Verträge) bestimmte Formen und Bedingungen von Interaktionen offen lassen müssen.

Es geht letztlich nicht darum, hermetisch konstruierte Regelsysteme zu schaffen, die jedwede Eventualität (z. B. durch Planung) berücksichtigen, sondern um die *Eröffnung von Freiheitsgraden und Spielräumen* in kalkulierbaren und kontrollierten Kontexten. Wünschenswert sind also nicht möglichst vollständige Verträge oder Vereinbarungen, sondern solche mit *gerichteter Offenheit*, die auf Eventualitäten (Abweichungen von Plänen etc.) elastisch und flexibel reagieren können. Institutionen sind immer mit einer prinzipiell offenen Zukunft konfrontiert, deshalb tut man gut daran, ihre Weiterentwicklungsfähigkeit durch „eingebaute" Lernprozesse (wie etwa Wahlzyklen in Demokratien oder Entwicklungszyklen in Projekten) zu gestalten.

Neben logischen Problemen (jede Regel bedarf der Interpretation, also auch jene Regeln, die die Anwendung von Regeln festlegen) machen vor allem die grundsätzliche Unsicherheit der Zukunft, die Kosten vertraglicher Festlegung, sowie die große Einschränkung der kreativen Potentiale der AkteurInnen das Streben nach Vollständigkeit von Regelsystemen unattraktiv.

Verträge im Projektkontext profitieren von ihrer Unvollständigkeit, da Handlungs- und Spielräume konstitutionelle Voraussetzungen für die Produktion von Innovationen sind. Es geht also um die Gestaltung offener, allerdings strikt am gewünschten Ergebnis orientierter Verträge, Abkommen und Vereinbarungen, damit ein zwar kontrollierter und kanalisierter, aber dennoch flexibler Rahmen für Projekte entsteht.

Beim Management von Institutionen (Regelsystemen) handelt es sich um die Gestaltung und Steuerung von Prozessen, die innerhalb wechselnder Bedingungen möglichst verlässliche Verhaltenserwartungen produzieren helfen. Erst dadurch steigt die Bereitschaft von AkteurInnen in Kooperation zu investieren, d. h. Vorleistungen zu erbringen, ohne Gefahr zu laufen, von anderen ausgebeutet zu werden. Je stabiler und gleichzeitig anpassungsfähiger also Rahmenordnungen sind, desto höher ist die Kooperationsbereitschaft bei Unsicherheit über den möglichen Ausgang eines Projektvorhabens.

7.3.3.1 Verträge

Verträge und Vereinbarungen regeln verbindlich Rechte und Pflichten von AkteurInnen im Kooperationsfall. Sie stellen im Projektkontext das wichtigste Instrument der Institutionalisierung (Regelung) dar und schaffen Verbindlichkeit und Sicherheit in der Zusammenarbeit.

Projektverträge als juristisches Instrument werden zwischen ProjektträgerIn (AuftraggeberIn) und ausführenden Parteien (AuftragnehmerIn) geschlossen. Darin werden auf Basis der Planung und des Zielsystems Rechte und Pflichten beider Parteien definiert. Sie sind in der Regel zeitlich befristet (temporäre Vereinbarungen), d. h. sie enden, wenn das vereinbarte Ziel erreicht ist. Die meisten Projektverträge basieren auf Gegenseitigkeit. Einer bestimmten definierten Leistung steht eine ebenso definierte Gegenleistung gegenüber. Die Leistungsdefinition spielt daher eine wesentliche Rolle bei der Gestaltung dieser Vertragsform.

Außerdem müssen Rahmenbedingungen der Leistungserbringung wie Termine, Lieferbedingungen, Leistungsgarantien, Gewährleistung, Rechtsfolgen bei Leistungsstörungen etc. bedacht werden.

Die im Projektkontext elementarste Vertragsform ist der sog. *Werkvertrag*, der im Folgenden kurz erläutert wird. Er regelt praktisch alle wichtigen Leistungsbeziehungen im Projektgeschehen. Wie bereits an anderer Stelle erwähnt (vgl. 7.3 Formen der Führung – Instrumente und Methoden) geht es im Projekt um die Vergabe von definierten Aufgaben an AuftragnehmerInnen im Rahmen eines „Zielschuldverhältnisses", d. h. der/die AuftragnehmerIn schuldet ein bestimmtes Ergebnis (Ziel).

Die für diesen Fall vorgesehene übliche Vertragsform ist der bereits erwähnte Werkvertrag (Bürgerliches Recht), der seiner Struktur nach eine „offene" Regelung darstellt. Im Rahmen der Erbringung seines/ihres Werkes hat der/die VertragsnehmerIn vielfache Möglichkeiten der autonomen Gestaltung seiner/ihrer Tätigkeiten. Durch den Werkvertrag verpflichten sich AkteurInnen zur Herstellung eines bestimmten Erfolges (vgl. Kapitel 5 „Projekte als temporäre Unternehmen").

Zum Unterschied vom Dienstnehmer/der Dienstnehmerin schuldet der/die „WerkunternehmerIn" nicht bloß seine/ihre Bemühung, sondern den definierten Erfolg. Die dabei geleistete Arbeit wird nicht selbständig betrachtet, sondern geht im Werk als bloßer Mitteleinsatz auf.

Der/die WerkunternehmerIn muss ein Werk nicht persönlich ausführen, sondern er/sie kann sog. ErfüllungsgehilfInnen (DienstnehmerInnen, SubunternehmerInnen etc.) beiziehen. Allerdings hat er/sie deren etwaige Fehler dem Auftraggeber/der Auftraggeberin gegenüber zu verantworten. Das gilt insbesondere auch dann, wenn wie im Projektgeschäft üblich, ein sog. Generalunternehmer/eine Generalunternehmerin eine Fülle von SubunternehmerInnen beschäftigt. Dem Auftraggeber/der Auftraggeberin gegenüber haftet ausschließlich der/die GeneralunternehmerIn für die Leistungen aller Beteiligten. Da dieser/diese und seine/ihre LieferantInnen weitere Werkverträge abschließen, entstehen dadurch u. U. Kaskaden von Zielschuldverhältnissen – was deutlich macht, wie wichtig Vertrags- und Claimmanagement bei größeren Projekten ist.

Ohne weiter ins Detail zu gehen, kann man festhalten, dass Werkverträge ein zentrales, institutionelles Strukturelement im Projektgeschäft sind.

Vertragsmanagement (Contractmanagement)
Als Methode des Projektmanagements steuert es die Vertragsabwicklung im Projektverlauf hinsichtlich Gestaltung, Abschluss, Fortschreibung, Änderung, Mahnung und Erfüllung.
Es geht u. a. um die Erfassung und Sicherung aller vertragsrelevanten Daten, die Betreuung bei Vertragsverhandlungen, Sicherung von Beweismitteln, Ablage von Dokumenten etc. Ein wichtiger Aufgabenbereich besteht in der vertraglichen Tätigkeitsverfolgung, d. h. die Steuerung der Aufgabenerfüllung aus vertraglicher Sicht. Das umfasst z. B. auch das Mahnwesen bei Leistungsstörungen oder die Implementierung notwendiger Änderungen in die Vertragswerke.

Nachforderungsmanagement (Claimmanagement)
Dieses Managementinstrument dient der Überwachung und Beurteilung von Abweichungen, insbesondere im Hinblick auf wirtschaftliche Folgen und die Durchsetzung von Ansprüchen. Claimmanagement ist genau genommen ein Teil des Vertragsmanagements, tritt aber in den letzten Jahren mehr und mehr in den Vordergrund.
Kernaufgabe ist die Feststellung und Analyse von Soll-/Ist-Abweichungen bei der Umsetzung der Planvorgaben. Daran knüpft die Durchsetzung eigener und die Abwehr fremder Forderungen (Claims) an.

Änderungsmanagement
Ein weiterer Baustein der institutionellen Regelung im Nahbereich des Vertragswesens ist das Änderungsmanagement.
Darunter versteht man die Überwachung und Steuerung von Änderungen im Projektverlauf. Diese werden bei größeren Vorhaben im Rahmen eines verbindlichen Ablaufschemas identifiziert, dokumentiert, klassifiziert, bewertet, genehmigt, durchgeführt und verifiziert.
Die Klassifizierung kann z. B. nach Ursachen erfolgen:
  – Eigenverschulden
  – Fremdverschulden
  – KundInnenwunsch
  – Auflagen
  – neue technische Entwicklungen etc.

Da Änderungen fast immer eine Fülle von notwendigen Nachfolgeoperationen (Neukalkulation, Neu- oder Umplanung, Vertragsänderung etc.) evozieren und somit beträchtliche Kosten verursachen können, ist ihre systematische Bearbeitung z. B. im Vorfeld des Claimmanagements unerlässlich.

7.3.3.2 Richtlinien

Man kann grundsätzlich zwischen Verhaltens- und Verfahrensrichtlinien unterscheiden. Beide strukturieren und regeln Handlungen von AkteurInnen und schaffen Sicherheit von Verhaltenserwartungen bei Interaktionen. *Verhaltensrichtlinien* dienen u. a. der Positionierung eines bestimmten Führungsstils und unterstützen die Schaffung einer spezifischen Projektkultur. Bei größeren Vorhaben werden in Anlehnung an Unternehmensleitbilder Projektleitbilder oder Missionsstatements entwickelt. Generell vermitteln Verhaltensrichtlinien Hinweise zur Führung und Zusammenarbeit, d. h. Grundregeln zur Festlegung und Abgrenzung von Aufgaben, Kompetenzen und Verantwortung, Ausmaß und Art des Informationsflusses, Ausmaß, Art und Handhabung von Kontrollmaßnahmen, Vorgehen im Konfliktfall, Einspruchs- und Beschwerderechte bzw. Grundregeln der Kooperation zwischen den beteiligten AkteurInnen (Hill/Fehlbaum/Ulrich, 1994). *Verfahrensrichtlinien* definieren und standardisieren Abläufe, die im Rahmen der Kooperation der Projektmitglieder relevant sind (z. B. Dokumentenlauf, Beantragung von Änderungen, Berichtswesen, Verrechnung, Anbotslegung etc.).

7.3.3.3 Projektbüro

Als Projektbüro (Project-Office, Project-Management-Office) werden zentrale Organisationseinheiten bezeichnet, die vor allem entwicklungsneutrale Tätigkeiten zur Unterstützung der Projektleitung übernehmen (Gareis, 2004; Schelle/Ottmann/Pfeiffer, 2005; Burghardt, 2002). In jüngster Zeit wird der Begriff des Projektbüros vor allem im Zusammenhang mit Multiprojekt- oder Programmmanagement genannt.
In der Regel übernehmen Projektbüros alle flankierenden und betreuenden Aufgaben, die für einen möglichst reibungslosen Ablauf des gesamten Vorhabens notwendig sind. Madauss (1991) weist darauf hin, dass insbesondere eine klare Definition der Schnittstellen zwischen Projektbüro und Fachbereichen notwendig ist. Die Aufgaben der Projektbüros sind eindeutig planungs-, überwachungs- und verwaltungsorientiert zu strukturieren, keinesfalls jedoch ausführungsorientiert festzulegen. Generell kann man festhalten, dass alle jene Aufgabenbereiche in den Zuständigkeitsbereich eines Projektbüros fallen, die

fachbereichsübergreifend anfallen. Das sind etwa Projektplanungsaufgaben (Struktur-, Ablauf-, Termin-, Finanzplan), Kommunikations- und Verwaltungsaufgaben (kaufmännische Abwicklung, Sitzungsvorbereitung, Protokollierung, Datenmanagement etc.).

MitarbeiterInnenrollen im Projektbüro sind u. a. Projektcontroller oder Projektkaufleute.

Wie man etwa anhand der Erfahrungen aus sehr projektorientierten Branchen (Medien-, Bau- und Werbeindustrie) erkennen kann, ist eine der wichtigsten Funktionen des Projektbüros die Dispositionsfunktion, d. h. die Unterstützung der Fachbereiche durch eine zeitgerechte Versorgung mit allen notwendigen Mitteln.

7.3.3.4 Projektleitung

Aufgabe und Verantwortung der Projektleitung ist die Erreichung definierter Ergebnisse unter Budget- und Zeitrestriktionen.

Die Projektleitung repräsentiert den Willen des Auftraggebers/der Auftraggeberin (UnternehmerIn, InvestorIn etc.) in der Organisation und ist mit spezifischen Vollmachten und Kompetenzen verbunden. Nicht zuletzt deshalb wird die Rolle der Projektleitung auch mit der einer Firmenleitung verglichen (Madauss, 1991). Die Projektleitung ist zwar für die sachliche, administrative und kaufmännische Abwicklung im Sinne einer Geschäftsführung zuständig, hat aber in der Regel nicht die gleichen Befugnisse.

In der Organisationslehre ist Leitung neben Entscheidungs- auch mit Weisungsbefugnissen verbunden. Gerade dieses Weisungsrecht ist aber im Projektkontext aus strukturellen Gründen (vgl. 7.3 Formen der Führung – Instrumente und Methoden) äußerst eingeschränkt, da die Kooperation der AkteurInnen nicht auf Basis von Verträgen mit einseitigem Weisungsrecht, sondern als Vertragsnetz mit zentraler Vertragspartei erfolgt. D. h. die Weisungsbefugnisse beschränken sich in der Regel auf die Auftragsvergabe (Erbringung von Werkleistungen). Die Kernkompetenz der Projektleitung ist somit die Entscheidung über Art, Umfang und Vergabe von Leistungen sowie deren Kontrolle. Das gesamte Aufgabenspektrum der Projektleitung ist an dieser Kompetenz ausgerichtet.

7.4 Übersicht allgemeiner Instrumente und Methoden der Projektarbeit

Methodenbezeichnung	Struktur			Prozess			Führung		
	Fraktalisierung	Temporalisierung	Fragmentierung	Entrepreneurship	Experiment	Rekursivität	Koordination	Partizipation	Institutionalisierung
Projektstrukturplanung			X						
Arbeitspaketspezifikation			X						
Projektlebenszyklus/Phansenplan		X							
Ablauf- und Terminplanung		X							
Strukturierungsbausteine	X								
Prozessbausteine	X								
Zielplanung (Zieldefinition)				X					
Konzeptentwicklung				X					
Spezifikation				X					
Controlling				X					
Implementierung/Projektabschluss				X					
Meilensteinplanung					X				
Testverfahren					X				
Dokumentation und Berichtwesen					X				
Soll-/Ist-Vergleich						X			
Prototyping						X			
„Extreme"-Verfahren						X			
Gremien							X		
Empowerment							X		
Patizipativer Führungsstil								X	
Gruppenarbeit								X	
Verträge									X
Richtlinien									X
Projektbüro									X
Projektleitung									X

Abb. 57: Allgemeine Methoden und Instrumente der Projektarbeit

7.5 Zusammenfassung

Nach dieser Darstellung der Instrumente und Methoden in Form einer tabellarischen Übersicht widmet sich die folgende Zusammenfassung dieses Kapitels ausschließlich den Grundformen selbst:

1. Grundformen legen ein Projekt in seiner allgemeinen Form fest und werden auf vier verschiedenen Ebenen der Organisation und des Managements wirksam (Produkt-/Objekt-/Systemebene, Geschäftsprozessebene, Supportebene und Führungsebene).
2. Im Projektlebenszyklus sind drei zentrale Interdependenzbereiche zu berücksichtigen: Produkt- versus Projektebene, Planung versus Umsetzung sowie Routine versus Improvisation.
3. Schwerpunkt der Organisationsgestaltung ist nicht die Strukturierung von abgestuften Führungsordnungen, sondern die Schaffung von Ordnungen aus zeitlich und inhaltlich abgrenzbaren Aufgabenstellungen. Die Grundformen dieser Strukturierung sind Fragmentierung (Zerlegung in Elemente und Einheiten), Temporalisierung (Verzeitlichung durch Limitierung und Terminisierung) und Fraktalisierung (Verwendung selbstähnlicher Formen).
4. Projekte zeichnen sich durch eine prozessorientierte Organisationsgestaltung aus, d.h. die zeitlich-logische Ablauffolge und deren dispositive Unterstützung steht im Mittelpunkt der Designbemühungen.
5. Projekte lassen sich als eine Art „Laboratorium" für Feldexperimente begreifen, die einem grundsätzlich reflexiven Entwicklungsmodus und Produktionsmodus folgen.
6. Die wichtigsten Gestaltungsformen auf Prozessebene sind Entrepreneurship (Geschäftsprozesse), Experiment (Prüfungs- und Testprozesse) und Rekursivität (Entwicklungs- und Optimierungsprozesse).
7. Im Gegensatz zur Führung in Unternehmen baut Führung in Projekten nicht auf „Zeitschuldverhältnisse" und Verträge mit einseitigem Weisungsrecht (hierarchisch vertikale Integration), sondern auf „Zielschuldverhältnisse" (Werkverträge) und ein „Vertragsnetz mit zentraler Vertragspartei" (horizontale Integration).
8. Die zentrale Vertragspartei als Führungsorgan (Projektleitung, AuftraggeberIn) sichert die Einhaltung der Vereinbarungen durch Erfolgskontrollen und koordiniert die AkteurInnen mittels Zielvorgaben auf Basis von Plänen.

9. Auf Ebene der Projektbeteiligten erfolgt die Führung hauptsächlich durch Selbstabstimmung und Partizipation in Gremien und Ausschüssen (Projektteams) sowie durch Entwicklung und Durchsetzung von Regeln und Standards.

10. Aus der Projektperspektive sind folgende Grundformen der Führung besonders relevant:
    - Koordination (Verhaltensabstimmung)
    - Partizipation (Einbindung in Entscheidungsprozesse)
    - Institutionalisierung (Entwicklung projektspezifischer Regelsysteme, Organe und Einrichtungen)

8 Schlussbemerkung und Ausblick

Die Darstellung des Projektes als spezielle, historisch gewachsene sozioökonomische Organisationsform innovativer Vorhaben stellt auch den Versuch einer Verortung von Projektarbeit im sozial- und wirtschaftswissenschaftlichen Fächerkanon dar.

Begreift man Projekte zudem als eigenständige Kooperationsform selbständiger AkteurInnen und nicht wie bisher vor allem als Sekundärform unternehmensspezifischer Organisationsgestaltung, entsteht ein genuiner Forschungsgegenstand, dessen Untersuchung ein transdisziplinäres und kontextüberschreitendes Vorgehen erfordert.

Aus historischem Blickwinkel etwa kann besonders die neuere Gewerbe- und Handwerksforschung wichtige Impulse zur Entwicklung projektorientierter Produktionsformen bieten. Die Auswertung von Untersuchungen über zünftische Kooperationsformen oder zur Mobilität wandernder Gesellen könnte interessante Beiträge zum Verständnis und zur Ausgestaltung moderner Produktionsnetzwerke liefern. Darüber hinaus zeigen historische Studien zur prekären Selbständigkeit von Gewerbetreibenden und Handwerkern Parallelen zu aktuellen Entwicklungen der Projektarbeit auf – insbesondere im Hinblick auf die Weiterentwicklung ordnungs- und sozialpolitischer Rahmenbedingungen.

Aus organisationstheoretischer Perspektive steht die Theorie temporärer Organisationen noch am Beginn ihrer Entfaltung. Der vielversprechende Ansatz von Lundin/Söderholm (1995) liefert zwar eine Fülle verfolgenswerter Aspekte, es fehlt aber bisher an der Formulierung notwendiger Schnittstellen zur klassischen Organisationsforschung und somit an der Anschlussfähigkeit an den diesbezüglichen wissenschaftlichen Diskurs.

Unter dem Blickwinkel „Projekte als temporäre Unternehmen" bedarf es einer kritischen Diskussion im Rahmen ökonomischer Theoriebildung. Projekte lassen sich – wie gezeigt wurde – neben Markt, Hierarchie und Netzwerk als weitere ökonomische Koordinationsform beschreiben. Dies könnte somit die Grundlage für eine entsprechende Reflexion und mögliche Erweiterung gängiger Erklärungsansätze kooperativen Verhaltens in wirtschaftlichen Kontexten bilden.

Die mikrotheoretische Fundierung der Projektorganisation könnte außerdem einen eigenständigen Beitrag zur Theorie der Unternehmung leisten.

Projektarbeit wirft in gesellschaftlichen Kontexten zunehmend wichtige wirtschafts-, sozial- und bildungspolitische Fragestellungen auf. Weiterführende Studien zum Themenkreis Projektökologien könnten in diesem Zusammenhang z. B. Antworten für die Gestaltung von Rahmenbedingungen zur Entwicklung innovativer Branchen bereitstellen. Den Raumwissenschaften (z. B. Wirtschaftsgeographie) kommt dabei eine wichtige Rolle zu.

Diese vier – im Buch diskutierten – Perspektiven (geschichtliche Entwicklung, Organisationstheorie, Theorie der Unternehmung, Ökologien) könnten letztlich den Bogen für die weitere wissenschaftliche Auseinandersetzung mit den vielfältigen Aspekten dieses Organisations- und Managementansatzes spannen.

Angesichts des wachsenden Innovationsdrucks innerhalb moderner Gesellschaften erscheint eine vertiefende und gleichzeitig breitere Erforschung des Phänomens „Projektarbeit" lohnenswert und notwendig – stellt sie doch zunehmend die zentrale Organisationsform zur Entwicklung und Produktion des Neuen dar.

9 Abbildungsverzeichnis

10 Literaturverzeichnis

Achleitner, A.-K./Klandt, H./Koch, L. T./Voigt, K.-J. (Hrsg.): Jahrbuch Entrepreneurship 2004/05, Heidelberg, 2005

Aggteleky, B./Bajna, N.: Projektplanung: ein Handbuch für Führungskräfte, München/Wien, 1992

Archibald, R. D.: Managing High-Technology Programs and Projects, New York, 1992

Argyris, C./Schön, D. A.: Organizational Learning/A Theory of Action Perspective, Reading, 1978

Auer, M.: Top oder Flop?, Gerlingen, 2000

Axelrod, R.: Die Evolution der Kooperation, Berlin, 1988

Baecker, D.: Die Form des Unternehmens, Frankfurt, 1993

Baecker, P. N./Hommel, U.: Die Unternehmung als Entrepreneurial Cluster, in: Achleitner, A.-K./Klandt, H./Koch, L. T./Voigt, K.-J. (Hrsg.): Jahrbuch Entrepreneurship 2004/05, Heidelberg, 2005

Balling, R.: Kooperation, Frankfurt, 1998

Baraldi, C./Corsi, G./Esposito, E.: GLU, Glossar zu Niklas Luhmanns Theorie sozialer Systeme, Frankfurt, 1997

Bataille, G.: Die Aufhebung der Ökonomie, München, 1985

Baumgartner, J. S.: Project Management, Homewood, 1963

Bea, F. X./Göbel, E.: Organisation, Stuttgart, 1999

Berger, P. L./Luckmann, T. L.: Die gesellschaftliche Konstruktion der Wirklichkeit/ Eine Theorie der Wissenssoziologie, Frankfurt, 2000

Bleicher, K.: Organisation, Strategien, Strukturen, Kulturen, Wiesbaden, 1991

Blumer, H.: Der methodologische Standort des symbolischen Interaktionismus, in: Arbeitsgruppe Bielefelder Soziologen (Hrsg.): Alltagswissen, Interaktion und gesellschaftliche Wirklichkeit, Opladen, 1981, S. 80–146

Bordieu, P.: Praktische Vernunft, Frankfurt, 1998

Brandom, R.: Expressive Vernunft, Frankfurt, 2004

Braudel, F.: Der Alltag/Sozialgeschichte des 15.–18. Jahrhunderts, München, 1985

Brockhaus-Gesellschaft (Hrsg.): Brockhaus/Die Enzyklopädie in 24 Bänden, Leipzig/ Mannheim, 1999

Brunner, A: Methoden zur Entwicklung von Innovationsprojekten – Extreme Project Development als Ansatz zur Reduktion von Komplexitäten in Entwicklungsprozessen Diplomarbeit FH Joanneum, Graz, 2003

Bürgel, H. D./Haller, C./Binder, M.: F + E Management, München, 1996

Burghardt, M.: Projektmanagement, Erlangen, 2002

Burr, W.: Innovationen in Organisationen, Stuttgart, 2004

Burrell, G.: Back to the future: time and organization, in: Reed, M./Hughes, M. (Hrsg.): Rethinking Organization, London, 1992

Butler, A. J.: Project Management/A Study in Organizational Conflict, Academy of Management Journal, Jg. 16/1, 1973, S. 85–101

Cleland, D. I.: Project Management, in: Cleland D. I./King, W. R.: Systems, Organisations, Analysis, Management, New York, 1969

Clevé, B.: Gib niemals auf, Konstanz, 2004

Clevé, B. (Hrsg.): Investoren im Visier, Gerlingen, 1998

Condrau, G. (Hrsg.): Transzendenz und Religion, Bd. 1, Weinheim, 1982

Coser, L./Kadushin, C./Powell, W. W.: Books: The Culture and Commerce of Publishing, Boston, 1982

Davis, A./Brady, T.: Organisational capabilities and learning in complex product systems: towards repeatable solutions, Research Policy 29, 2000, S. 931–953

DeCarlo, D.: Extreme Project Management, Using Leadership, Principles and Tools to Deliver Value in the Face of Volatility, San Francisco, 2004

DeFillippi, R. J./Arthur M. B.: Paradox in project-based enterprise: the case of film making, California Management Review 40(2), 1998, S. 125–138

Dennett, D. C.: Darwin's Dangerous Idea. Evolution and the Meanings of Life, New York, 1995

Dittberner, H.: Projektmanagement und organisationaler Wandel, Frankfurt, 1998

Dülfer, E.: Projekte und Projektmanagement im internationalen Kontext/Eine Einführung, in: Dülfer, E. (Hrsg): Projektmanagement – INTERNATIONAL, Stuttgart, 1982

Dyllick, T.: Management der Umweltbeziehungen: Öffentliche Auseinandersetzungen als Herausforderung, Wiesbaden, 1992

Eigen, M.: Selforganization of Matter and the Evolution of Biological Macromolecules, in: Naturwissenschaften, 58. Jg., 1971, S. 465–523

Eigner, C./Nausner. P.: Willkommen, „Social Learning"!, in: Graggober, M./Ortner, J./Sammer, M. (Hrsg.):Wissensnetzwerke, Wiesbaden, 2003, S. 389–429

Faulkner, R. R./Anderson, A.: Short-Term Projects and Emergent Careers: Evidence from Hollywood, American Journal of Sociology, 92/4, 1987, S. 879–909

Flusser, V.: Vom Subjekt zum Projekt, Frankfurt, 1998

Foerster, H. v.: Wissen und Gewissen, Frankfurt, 1993

Foucault, M.: Die Ordnung des Diskurses, Frankfurt, 1991

Freemann, E./Gilbert, D. R.: Unternehmensstrategie, Ethik und persönliche Verantwortung, Frankfurt a. M./New York, 1991

Fueglistaller, U./Müller, C./Volery, T.: Entrepreneurship 2004/5, Stuttgart, 2005

Gaitanides, M./Wicher, H.: Strategien und Strukturen innovationsfähiger Organisationen, in: ZfB, Jg. 56, 1986, S. 385–403

Gaitanides, M.: Ökonomie des Spielfilms, München, 2001

Gareis, R.: Happy Projects!, Wien, 2004

Goodman, N.: Weisen der Welterzeugung, Frankfurt, 1990

Goodman, R. A.: Temporary Systems: Professional Development, Manpower Utilization, Task Effectiveness, and Innovation, New York, 1981

Grabher, G./Ibert, O.: Produktion in Projekten/Das Beispiel der Werbebranche in Hamburg und der Softwareproduktion in München, Abschlussbericht, Bonn, 2004

Grabher, G.: Cool Projects, Boring Institutions/Temporary Collaboration in Social Context, in: Regional Studies, Vol. 36.3, 2002, S. 205–214

Grabher, G.: Learning in projects, remembering in networks?/Communality, sociality and connectivity in project ecologies, in: European Urban and Regional Studies, Vol. 11, No. 2, 2004, S. 99–119

Grabher, G.: The Project Ecology of Advertising: Tasks, Talents and Teams, in: Regional Studies, Vol. 36.3, 2002, S. 245–262

Griesche, D./Meyer, H./Dörrenberg, F. (Hrsg.): Innovative Managementaufgaben in der nationalen Praxis, Wiesbaden, 2001

Grochla, E.: Einführung in die Organisationstheorie, Opladen, 1978

Gutenberg, E.: Grundlagen der Betriebswirtschaftslehre, Bd. 1: Die Produktion, Heidelberg, 1983

Hage, J.: Die Innovation von Organisationen und die Organisation von Innovationen, in: ÖZG, 11. Jahrgang, Heft 1, Wien, 2000

Haken, H.: Synergetik, Berlin, 1990

Hartmann, F.: Self Managing Projects, Paper präsentiert auf der Project Management Institut Canadian Conference in Ottawa, 1995

Hauschildt, I.: Innovationsmanagement, München, 1997

Hejl, P. M./Stahl, H. K. (Hrsg.): Management und Wirklichkeit, Heidelberg, 2000

Heintel, P./Krainz, E.: Projektmanagement/Eine Antwort auf die Hierarchiekrise, Wiesbaden, 1990

Herstatt, C./Verworn, B. (Hrsg.): Management der frühen Innovationsphasen, Wiesbaden, 2003

Highsmith, J.: Agile Project Management, Creative Innovative Products, Boston, 2004

Hill, R. E.: Managing the Human Side of Project Teams, in: Cleland, D. I./King, W. R. (Hrsg.): Project Management Handbook, New York, 1983, S. 581–604

Hill, W./Fehlbaum, R./Ulrich, P.: Organisationslehre, Bd. 1, Bern/Stuttgart/Wien, 1994

Hofstadter, D. R.: Fluid Concepts and Creative Analogies/Computer Models of the Fundamental Mechanics of Thought, New York, 1995

Höge, H.: Der Projektemacher als postmodernes Massenphänomen/Wo er aufscheint und (möglicherweise) untergeht, in: Krajewski, M. (Hrsg.): Projektemacher, Berlin, 2004

Hollingworth, R. J./Hollingworth, E. J.: Radikale Innovationen und Forschungsorganisation, in: OZG, 11. Jahrgang, Heft 1, Wien, 2000

Homann, K./Suchanek, A.: Ökonomik, Tübingen, 2000

Horsch, J.: Innovations- und Projektmanagement, Wiesbaden, 2003

Ibert, O.: Innovationsorientierte Planung, Opladen, 2003

Iljne, V. N., in: Petzold, H./Orth, I. (Hrsg.): Die neuen Kreativitätstherapien, Bd. 1, Paderborn, 1991

Iljine, D./Keil, K.: Der Produzent, München, 2000

Kappelhoff, P.: Rational Choice/Macht und die korporative Organisation, in: Ortmann, G./Sydow, J./Türk, K. (Hrsg.): Theorien der Organisation, Opladen, 1997

Karmasin, M.: Medienökonomie als Theorie (massen-)medialer Kommunikation/Kommunikationsökonomie und Stakeholder, Graz/Wien, 1998

Kauschke, A./Klugius, U.: Zwischen Meterware und Maßarbeit, Gerlingen, 2000

Kehr, R.: Dissematorik/Zur Logik der „Second Order Cybernetics", in: Baecker, D. (Hrsg.): Kalkül der Formen, Frankfurt, 1990

Kelly, K.: Das Ende der Kontrolle, Berlin, 1997

Kerzner, H.: Projektmanagement, Bonn, 2003

Kerzner, H.: Projektmanagement, Bonn, 1994

Kevin, K.: Das Ende der Kontrolle, Berlin, 1997

Kieser, A. (Hrsg.): Organisationstheorien, Stuttgart, 2001

Knorr-Cetina, K.: Die Fabrikation von Erkenntnis, Frankfurt, 2002a

Knorr-Cetina, K.: Wissenskulturen/Ein Vergleich naturwissenschaftlicher Wissensformen; Frankfurt, 2002b

Kocyba, H.: Jenseits von Taylor und Schumpeter: Innovation und Arbeit in der Wissensgesellschaft, in: Institut für Sozialwissenschaftliche Forschung (Hrsg.): Jahrbuch sozialwissenschaftliche Technikberichterstattung, Berlin, 2000

Königswieser, R./Lutz, C. (Hrsg.): Das systemisch evolutionäre Management, Wien, 1992

Kosiol, E.: Organisation der Unternehmung, Wiesbaden, 1976

Kosiol, E.: Kollegien, in: Grochla, E. (Hrsg.): Handwörterbuch der Organisation, Stuttgart, 1980

Krajewski, M. (Hrsg.): Projektemacher, Berlin, 2004

Kursel, J./Schäfer, A.: Die Vermöglichung der Welt/Ilja Kabakovs Palast der Projekte, in: Krajewski, M. (Hrsg.): Projektemacher, Berlin, 2004

Laux, H./Liermann, F.: Grundlagen der Organisation, Berlin/Heidelberg/New York, 1997

Leube, K. R. (Hrsg.): The Essence of J. A. Schumpeter, Wien, 1996

Litke, H.-D.: Projektmanagement: Methoden, Techniken, Verhaltensweisen, 3. Auflage, München, 1995

Ludwin, L.: High Speed, High Pressure Learning in UK Feature Film Units, presented at the 2nd International Workshop on Making Projects Critical: „Projectification" and its Discontents, Bristol Business School, 2004

Luhmann, N.: Gesellschaftsstruktur und Semantik, Frankfurt, 1999

Luhmann, N.: Soziale Systeme, Frankfurt, 1985

Lundin, R. A./Hartmann, F.: Projects as business constitutents and guiding motives, Boston, 2000

Lundin, R. A./Söderholm, A./Wilson, T.: On the Conceptualization of Time in Projects, Konferenzbeitrag präsentiert auf der 16. Nordic Conference, Uppsala University, 2001

Lundin, R. A./Söderholm, A.: A Theory of the Temporary Organization, in: Scandinavian Journal of Management, Vol. 11, No. 4, 1995, S. 437–455

Lynn, G.: Wie echte Produktinnovationen entstehen, in: Harvard Businessmanager, Bd. 3, 1997

Macharzina, K.: Unternehmensführung, Wiesbaden, 2003

Madauss, B. J.: Handbuch Projektmanagement/Mit Handlungsanleitungen für Industriebetriebe, Unternehmensberater und Behörden, Stuttgart, 1994

Madauss, B. J.: Methoden der Planung und Überwachung von Forschungs- und Entwicklungsprojekten am Beispiel der Raumfahrttechnik, in: Synisch, M./Schelle, H./Schub, A. (Hrsg.): Projektmanagement/Konzepte, Verfahren, Anwendungen, München/Wien, 1979, S. 173–194

Madauss, B. J.: Was ist ein Projekt?, in: Projektmanagement, Nr. 2, 1991, S. 31–40

Malik, F.: Systemisches Management/Evolution, Selbstorganisation, Bern/Stuttgart, 2000

Maturana, H. R.: Autopoiesis und Kognition, Dortrecht, 1972

Mauss, M.: Die Gabe, Frankfurt, 1968

Meyerson, D./Weick, K. E./Kramer, R. M.: Swift trust and temporary groups, in: Kramer, R. M./Tyler, T. R. (Hrsg.): Trust in Organization, Sage, 1996, S. 166–195

Müller, K. H.: Wie Neues entsteht, in: ÖZG, 11. Jahrgang, Heft 1, Wien, 2000

Nagl, A.: Der Businessplan, Wiesbaden, 2005

Nausner, P.: Medienmanagement als Entwicklungs- und Innovationsmanagement, in: Karmasin, M./Winter, C. (Hrsg.): Grundlagen des Medienmanagements, München, 2000

Ouchi, W. G.: Markets Bureaurcracies and Clans/Administrative Science Quaterly, Vol. 25, No. 1, 1980, S. 129–141

Pannenbäcker, O: Kanonisierung des Projektmanagements und Harmonisierung internationaler Entwicklung, in: Griesche, D./Meyer, H./Dörrenberg, F. (Hrsg.): Innovative Managementaufgaben in der nationalen Praxis, Wiesbaden, 2001

Patz, D. S.: Film Production Management 101, California, 2002

Patzak, G./Rattay, G.: Projektmanagement, Wien, 2004

Picot, A./Dietl, H./Franck, E.: Organisation, Stuttgart, 2002

Pinto, J. K.: Managing Information System Projects/Regaining Control of a Runaway Train, in: Artto, K./Kähkönen, K./Koskinen, K. (Hrsg.): Managing Business by Projects, Helsinki, 1999, S. 30–43

Pleschak, F./Sabisch, H.: Innovationsmanagement, Stuttgart, 1996

PMBOK 2000, A Guide to the Project Management Body of Knowledge, Pennsylvania, 2003

Powell, W. W.: Weder Markt noch Hierarchie, in: Kenis, P./Schneider, V. (Hrsg.): Organisation und Netzwerk, Frankfurt, 1996

Prahalad, C. K./Hamel, C.: The Core Competence of the Corporation, in: Harvard Business Review, Vol. 68, No. 3, 1990, S. 79–91

Prigogine, J./Stengers, J.: Dialog mit der Natur – Neue Wege naturwissenschaftlichen Denkens, München/Zürich, 1996

Rabinger, M.: Directing the Documentary, Burlington, 2004

Rajan, R./Zingales, L.: The Firm as a Dedicated Hierarchy: A Theory of the Origins and Growth of Firms, in: Quaterly Journal of Economic, Vol. 116, 2001, S. 805–852

Rajan, R./Zingales, L: Power in a Theory of the Firm, in: Quaterly Journal of Economics, Vol. 113, No. 2, 1998, S. 387–432

Ritz, G. J. (Hrsg.): Total Engineering Project, New York, 1990

Saxenian, A.: Beyond boundaries: open labor markets and learning in Silicon Valley, in: Arthur, M. B./Rousseau, D. M. (Hrsg.): The boundaryless career: a new employment principle for a new organizational era, New York, 1996

Schelle, H.: Die Lehre vom Projektmanagement: Entwicklung und Stand, in: Schelle, H./Reschke, H./Schnopp, R./Schub.A. (Hrsg.): Projekte erfolgreich managen, 25. Aktualisierung, Köln, 2005

Schelle, H./Ottmann, R./Pfeiffer, A.: Projektmanager, Nürnberg, 2005

Schmitz, C. E.: Zur Entwicklung des Unternehmerbegriffes, Köln, 2004

Schreyögg, G.: Organisation, Wiesbaden, 1998

Schwarze, J.: Projektmanagement mit Netzplantechnik, 8. Auflage, Herne, 2001

Seibert, S.: Technisches Management, Stuttgart/Leipzig, 1998

Sennett, R.: Der flexible Mensch, die Kultur des neuen Kapitalismus, Hamburg, 1998

Serres, M. (Hrsg.): Elemente einer Geschichte der Wissenschaften, Frankfurt, 1994

Simon, H. A.: Die Wissenschaft vom Künstlichen, Wien, 1997

Sizemore House, R.: The human site of projectmanagement, Reading, 1988

Söderlund, J.: Temporary organizing – characteristics and control, in: Lundin, R. A./Hartmann, F.: Projects as business constitutents and guiding motives, Boston, 2000

Söderlund, J./Andersson, N.: A framework for analyzing project dyads: the case of discontinuity, uncertainty and trust, in: Lundin, R. A./Midler, C. (Hrsg.): Projects as arenas for learning and renewal processes, Boston, 1998

Spencer-Brown, G.: Laws of Form/Gesetze der Form, Lübeck, 1997

Stanitzek, G.: Der Projektemacher/Projektionen auf eine „unmögliche" moderne Kategorie, in: Krajewski, M. (Hrsg.): Projektemacher, Berlin, 2004

Thomas, J. L.: Making sense of Project Management, in: Lundin, R. A./Hartmann, F.: Projects as business constitutents and guiding motives, Boston, 2000

Thommen, J. P./Achleitner, A. K.: Allgemeine Betriebswirtschaftslehre, Wiesbaden, 2003

Tintelnot, C. (Hrsg.): Innovationsmanagement, Wien, 1999

Trott, P.: Innovation Management and New Product Development, New York, 1998

Vahrenkamp, R.: Produktionsmanagement, Oldenburg, 2004

Vahs, D./Burmester, R.: Innovationsmanagement, Stuttgart, 2002

Vahs, D.: Organisation, Stuttgart, 2005

Voy, R.: Weiterentwicklungen in der amtlichen Unternehmensstatistik/Der Unternehmensbegriff, Berliner Statistik, Nr. 3, 2002

Waldkirch, R.: Unternehmen und Gesellschaft/Zur Grundlegung einer Ökonomik von Organisationen, Wiesbaden, 2002

Webb, J. E.: Space age management, New York, 1969

Weick, K. E.: Der Prozeß des Organisierens, Frankfurt, 1995

Weth, R. v. d.: Management der Komplexität, Bern, 2001

Willke, H.: Systemtheorie entwickelter Gesellschaften/Dynamik und Riskanz moderner gesellschaftlicher Selbstorganisation, Weinheim/München, 1989

Williamson, O. E.: The Economic Institutions of Capitalism – Firms, Markets, Relational Contractions, New York/London, 1985

Wolf, J.: Organisation, Management, Unternehmensführung, Wiesbaden, 2005

Wolf, J.: Organisation, Management, Unternehmensführung, Wiesbaden, 1997

11 Register

Mitwirkende:
Projektleitung: Sabine Kruse
Projektassistenz: Elisabeth Peyer
Lektorat: Iris Weißenböck
Grafik: Andreas Brunner, Elisabeth Peyer
Layout & Satz: grafzyx.at
Herstellung: Ebner & Spiegel
Beratung: Andreas Brunner (Konsistenzprüfung)
Christian Eigner (Grundlagendiskussion)
Matthias Karmasin (Theoriediskussion)
Ingrid Nausner (Stilkritik)
Gerald Trimmel (Gestaltung)
Carsten Winter (Konzeption)